僕とBW《ビーウィー》の物語

片山衆悦

Syuetsu Katayama

幻冬舎 MC

僕とＢＷの物語

はじめに

僕は戌年である。それが関係あるかは別としても、幼い頃より動物が好きで中でも犬が大好きだ。

初めて自分で育てたのが愛犬のBW《ビーウィー》だ。いや、育てられたといった方が正確なのかもしれない。このBWと過ごした17年間の思い出を残したく、空に旅立ってしまってから10年の時を経て、今回筆を執った。

執筆中は、あの頃に戻ったかのような気分に何度も陥った。その度に笑い、涙したのは少し恥ずかしくもある。そんなこの本を出版していただけることになったのも、BWのおかげなのかもしれない。

こんな僕をいつも応援してくれたBWがいたからこそ今の僕があると思っている。ありがとう。

文学を学んだこともない僕の拙い文章で、皆さんに上手く伝えられるか不安なところではある。けれど、きっとクスッと笑っていただけることを信じて書いたので、読んでいただければ幸いである。

幸運を運んでくれた僕のかつてのパートナーＢＷから、ひと時の幸せをお届けしたい。

目次

BWとの出会い

1991年、夏の終わりの頃やったかな、出会いは。当時21歳になったばかりの僕は、その年の6月末頃、何人かの推薦状付きで入社させていただいた一流ホテルを周囲に断りもなく突然辞めた。僕はこの年の夏、プー太郎でだらだらと過ごしていた。

そろそろそんな生活にも飽きがきていたある日、新聞折込の求人広告に目を留めた。稼げる！　平均月給30万以上！　完全出来高制！　やればやるほど〜なんて書いてあったから即応募の電話をした。後にわかるのだけど、バイト感覚で始めたその仕事は委託業務、すなわち僕はひとり親方の会社社長になることになったのである。お金はない、もちろん仕事に必要な車もない、あるのは若さと体力だけ。

そんな僕に親会社の社長は配達用の車を半年間の約束で無料で貸してくれた。前職と異なり職場の先輩達は皆、運送会社の社長ばかり。その社長たちの中のドンのオッサンの荒っぽい失礼な言葉使いに、若手で新入りの僕らはチョットむかついていた。

ある朝のこと「おい、おーい」と離れた場所からオッサンの呼ぶ声。僕を呼んでるのか？「おいおまえら、聞こえへんのか？」聞こえてますけど、やっぱり僕らのこと呼んでるんか。「おい、おまえって誰を呼んでるんですか？」鋭く目を据わらせ、強い口調で僕は言った。オッサンは無視。用もないのに呼ぶなあほ、僕らは出発準備で忙しいねん。と心の中で言った。

それからオッサンの僕らに対する言葉使いは少しだけ改善された。僕は前職で一流のサービスを入社の何か月も前から長期にわたる厳しい合宿研修で学び、入社後も紳士的な上司の下で働いていたので、ちょうど同年代のこのオッサンとの品格の差にとても驚いた。

そんな慣れない環境の中、仕事も順調に習得していったある日の出来事。そこは、ときどき配達に行く小林商会。今日も小包を届ける。ここは犬の繁殖をしていてお店の玄関ドアを開けるとたくさんの犬たちが一斉に鳴く。だから大きな声で呼ばないと店主は出てこない。それに店に入った瞬間に鼻を突くような刺激臭がするから、毎回、店に入る前に息を止めて極力早く受け取りのハンコをもらって店から出るようにしていた。

その日もいつも通りチャイムを鳴らしてから大声で「小包です～」と叫ぶといつも通り犬たちの大合唱が始まった。少しすると店の奥の方から、お母さんビーグルと5匹の仔犬たちに先導されるようにして店主は現れた。

僕は仔犬たちのあまりの可愛さに臭さも忘れ、「触ってもいいですか」と聞くと「ええよっ」と店主は言った。仔犬を撫でようとしゃがんだその時、一番後ろにいた一番小さな子が割り込むように前に出て来て、短くてムチムチした前足を八の字に仁王立ちして僕を見上げた。目と目が合って、そのたまらん愛らしさから僕は一時、仕事も忘れ思わず抱っこした。連れて帰りたいなぁ。

そう思った僕は店主に「おじさん、この子はいくら？」とお金もないのに聞いてみた。「7万やけど5万にしたげる。まだ2か月やからワクチン接種したってや」と店主が言ったので「はい、お金準備して明日来ます」。僕は店主にそう言って仕事に戻った。この時の、前足を八の字に仁王立ちの仔犬。愛らしく小さい身体で堂々たる姿。今も鮮明に思い出せる光景。

僕は嬉しくて、明日から僕のパートナーになるこの子の名前を、仕事中に考えた。早速その日の仕事終わりに、水とご飯を入れるお茶碗やペットシーツにおもちゃ、必要なものを帰り道にあるホームセンターで買って帰った。

貯金ゼロの僕は仔犬を買うお金をカードローンで借りた。５万円の分割10回払い。僕には月々５千円の借金ができた。半年後には車も買って開業の準備しなあかんのに。欲しいものがたくさんあるわけじゃないが欲しいものは絶対に手に入れる。諦めたり妥協が大嫌いな僕はこの時もこれから仕事頑張って、僕がこの子を養っていくんやとその日、覚悟を決めた。

そやけど飽き性の僕、今までのアルバイトは長続きしたことがなく、最長でも続いて３か月やった。約束通り次の日、仔犬を迎えに行った。まだ２か月の仔犬はコロコロで掌に乗るくらい小さな身体やった。店主は仔犬を飼うのが初めての僕に、ご飯を少し分けてくれて与え方を教えてくれた。

名前はＢＷ《ビーウィー》、通称ビーちゃん。意味はＢＩＧ ＷＩＮＤ（大きな風）。

僕の仕事とビーちゃんの脱走

僕はその頃、まだ実家で暮らしていた。家には1歳になる女のコでバーディーって名前のゴールデンレトリバーがいた。ちょうど1年くらい前に引っ越してきたばかりのこの新しい家の2階の僕の部屋はとても日当たりがよく、バルコニーにも出られてBWも気に入ってくれたようだ。こうしてこの部屋で僕とBWの生活が始まった。

僕は毎朝、7時15分に家を出て少し離れた駐車場まで2、3分歩いていく。いつも家から駐車場に着くまでずっと、バルコニーで鳴き叫ぶBWの声が響き渡る。きっとビーちゃんも一緒に行きたいんやろう。僕は部屋にケージを置かず一緒に寝て、どこに出掛けるときもこっそりと、小さなBWを鞄に入れていつも同行していたから、置いてきぼりが不慣れで寂しかったんやろう。

毎朝僕は「ビーちゃん今日もお利口に待っててってな」と小さなBWの顔を両手で包んで言い聞かせ、頭をナデナデして部屋の引き戸を閉めて後ろ髪を引かれながら仕事に向かう。

そんなある日の朝、いつものようにビーちゃんにお留守番を頼んで玄関を出るとその瞬間、目を疑う光景が。2階の僕の部屋にいるはずのビーちゃんが1階の玄関ドアの前でちょこんとお座りしている。そんなあほな。そんなわけないやん。けどビーちゃんは、確かに目の前のここにいる。ビーちゃんどうやって？　と僕は上を見上げた。2階のバルコニーの塀の端っこは屋根との隙間が10センチくらいあった。そこから飛び降りたん?!　まじで?!　すぐに抱き上げてみたけど怪我もなく嬉しそうにしている。この仔犬はきっと只者ではない。その事件後は屋根の隙間を塞ぎ二度と飛び降りることはできなくなった。

BWと暮らすようになってから僕は仕事から真っ直ぐに帰るようになり、前みたいに夜に出歩くことも激減した。

友達と遊んでいても19時のビーちゃんのごはんの時間には間に合うように必ず帰る。そんな規則正しい生活に変わった僕に周りは驚いていたが、両親はとても喜んでいた。

BWは病気も無くすくすくと育ち、親会社の社長と約束していた半年が過ぎた頃、やっと求人広告に書いてあったくらいの売り上げを稼げるようになった。

まだ車を購入するお金が貯まってなかった僕は、リース料を払って車を引続き借りることにした。でも、リース料にガソリン代オイル代など諸経費がかかるようになったので、知り合いの社長に経理を教えてもらった。

仕事に必要な物を買った時には領収書をもらってスクラップブックにペタペタ貼ったりして収支内訳を出納帳に記録し、健康保険や社会保険も自分で加入した。

僕の担当配達エリアの中に5階建ての団地があった。この団地は文化人が多く住む全12棟、5階建ての、しかも階段。ここにはエレベーターが無い。米や水などの定期購入のお客さんのお宅には毎月行く。毎月の定期購入は、なくなればいいと勝手な僕は本気で思っていた。

こういう重い物で4階5階の配達は骨が折れた。だから定期購入以外でここに配達がないように毎日祈っていた。だけど文化人が多く住むこの団地には、毎日の祈りも虚しく、くる日もくる日も配達の荷物があった。いつものお米の定期購入のお届けの日。同じ棟に4階5階と米ふたつの配達があり、留守の時の時間のロスを省くために団地の下から電話をかけて、お客さんが電話に出たらお荷物のお届けを知らせて、それから階段を上がって行く。出なかったら留守と見なし、また後の配達にまわしていた。4階は在宅、5階は電話が繋がらない。けど一応10キロの米をふたつ抱えて階段を上がって4階のお宅からチャイムを鳴らしてお届けし、5階も居ますようにと願いを込めて階段を上がる。

「ピンポーン」インターホンを鳴らして待つ間に電気メーターを確認する。エアコンをかけているのか、メーターはむっちゃ回ってる。ぐるんぐるん回ってる。何やいるんやん、ラッキー！ お届けできるやん。と、もう一回チャイムを鳴らして待つ。応答なし。ドアのポストから呼んでみる。小包です〜。おかしいなぁこんなにメーター回ってんのに。

次もあるし、諦めて3枚綴りの不在通知書を記入し1番上の伝票を米にペタンと貼り下2枚をドアのポストに差し入れる。記入漏れなかったかなぁと考えながらそっと入れていると、え？ 怖っ。中から不在通知書が引っ張られてるやん。クイックイッと。むっちゃ怖い。不在通知書離さないで持ったままで、もう一度声をかけた。「小包です」と。そしたら中から、嫌そうな声で「はいぃ」と返事があって、数分後ドアが開いた。

僕は愛想良く「今月分のお米です。印鑑お願いします」と言った。印鑑がないらしく無言でサインのジェスチャーをするから「サインですね」と手持ちのペンを渡した。ペンを取り無言でサインしたオバさん。玄関マットの上にお米を置き「ありがとうございました」とドアを開けて出ると、また無言でバタンとドアの閉まる音だけが背後から聞こえた。何やねん。さっさと出て来てくれよ〜。中から不在通知書引っ張るとか怖すぎる。こんな夏の恐怖体験があった。この団地では、まだまだおかしな?奇妙な体験があった。

それもまた5階の配達。荷物は何だったか忘れてしまったが、お向かい同士でお荷物があって片方は在宅で、お向かいさんは留守っぽい。だけどまた電気メーターはぐるぐる回っている。チャイムも鳴らしたし何度か呼んでみたけど応答なし。諦めて階段を1階まで駆け下り、車に持って行った不在の荷物を積み込んでる時、何か感じる。頭の後ろから気配を感じる。振り向き辺りを見渡すけど何もない。誰もいない。軽バンのハッチバックを閉め5階の留守宅をふと見上げると、カーテンの隙間からこっちを覗き見てる奴と目が合った。おるんやん！　シャッとカーテンが閉まり、また隠れた。誰やねんっ！　何がしたいんやろ？　ほっといて車を発車させた。今考えても、けったいな家やった。シャッと隠れた物体はいったい何やったのかは不明。お化けかなぁ。怖っ。何せ夏場は変な人が結構な確率で現れた。

こんな人もいた。玄関のブザーを鳴らして、「こんにちは、小包です」と声をかけて玄関の引き戸を開けると、前に真っ直ぐ続く5、6m先の廊下の奥の風呂場のドアがいきなりバーーーンと開いて浴槽に浸かったままの上半身裸、丸見えのオッサンが、ごっつい声で「おおきに！　今風呂やさかい荷物そこ置いといてサインしといて！」と言った。見たらわかるわ風呂て。誰でもわかるわ。丸見えやんオッサン、と心の声。恥ずかしないんかな。実際は、はいわかりました。置いときますね、と戸を閉めて出て行った。まだおったな、変なオッサン。

そこはとても広い庭のお家で、ずっと歩いて古いブザーを鳴らし玄関の戸を開けて呼ぶとお出ましになる。親子3人暮らし。どいつもおかしい。

まず、親父。夏の親父はいつも100％タンクトップに白いブリーフ姿。そしていつも広く立派な屏風のある玄関先に、正座して印鑑を押してくださる。夏やからタンクトップはよしとしよう。理解できる。でも何でブリーフや？　ズボンは無いのか？　人が来てるのに。僕は人と思われてないのか？　ほんまに疑問やった。

次にそのブリーフの奥さん。おばはんな。おばはんは、服着るんめんどくさいのか？　出てくるのは、かなり早いんやけど下着姿の前にハンガーに掛かったまんまの洋服を首のあたりにあてて、必ずこう言う。「恥ずかしいわ～ごめんね～こんな格好で」そのまんま前まで出てきてハンコ渡しよる。いったい何の芸やねんっ。絶対に身体から服ズラさんといてくれよ！　と毎回祈りながら、その手からハンコを受け取り押印する僕。ほんまに恥ずかしいと思うなら、ちゃんとそのハンガーに掛かってる服着て出てこいよ！と、僕の心の声が叫ぶ。

最後にお婆ちゃん。お婆ちゃんは足が悪い。だいぶん悪い。耳も遠い。それもだいぶん遠い。玄関の引戸を開けて、「小包です。ハンコお願いします」って言うと返事は早い。すぐに「はぁーい」て言うお婆ちゃんの声が奥から聞こえてくる。お婆ちゃんは足が悪いから、奥の部屋から匍匐前進で這って出てくるか、ゆ～～っくり歩行で土間の手前まで出てくる。

お婆ちゃんが僕の近くまで来てからもう一回僕は「ハンコお願いします」と言

う。お婆ちゃんは「ハイハイ」とゆっくり歩行でまた奥の部屋にもどって行き、またゆっくり歩行で箱を持って現れた。と思ったら「この箱でよろしいか？」と僕に尋ねるお婆ちゃん。よろしくないよ。と僕の心の声。あーそれそれその箱をこうやってここへポンとつく！　ってちゃいますやん。それは箱。僕が言ってるのはハンコ。って突っ込みたいけどお婆ちゃんはボケ突っ込みを求めている訳じゃないし。言い方を変えて、「お婆ちゃん印鑑、印鑑を持ってきてください」「あーインカンね。すいません。おたく忙しいのにね」と僕を気遣う言葉が出た。「あ、大丈夫ですよ」と嘘をつく僕。ほんまは1軒1分くらいで用を済ますのが僕の理想。「ほんまに年寄りはかなんやろ～」なんていいもってまたゆっくりと歩いて、ちょこちょこゆっくりと、だいたい1歩10センチ位の歩幅で歩く。「ありました。これやね」嫌な予感はしていた。お婆ちゃんの印鑑を握ってるはずの手のひらからチョット出てるものがちらっと見えて、僕の前に到着した時にはハッキリとわかった。「はいこれ、お待たせしてすいませんなぁ。足が悪いもんやから」とお婆ちゃん。

僕はお婆ちゃんの足が悪いこと、知ってる。遅いのは待ちます。そやけどその差し出した物に関しては、声荒げてしまいそうです。お婆ちゃんが持ってる物、それは……キンカン！　虫刺されの時に塗るやつな。これはひょっとしたらボケ突っ込みゲームかな？　あーこれこれ、これをここに塗って。あーーースッキリ！　言うとる場合ちゃう。笑えたらまだええけど笑えない。相手真面目や。それが辛すぎて。流石にもう僕も限界がきた。「お婆ちゃん、僕が代わりにサインしていいですか？」「そーして」とお婆ちゃん。最初からそうしといたらよかったんや、と猛反省した。

その日からお婆ちゃんのお出まし時は代筆のサインをさせてもらうことになった。今思えば、まだまだある。宅配をしていたらこういうおかしな出来事が日常茶飯事にあった。今やから笑えるけど当時は真剣に悩んで解決法を模索する毎日やった。他の話は、また追っていろいろ紹介していこうと思う。

22歳になった僕は配達エリアも広がり稼ぎもすこし安定してきたので車を乗り換えることにした。学生時代からセダン車が好きだった僕は免許取得後、中古のクラウンに乗ってたんやけど、タイヤが磨り減っていてちょうどそんな時、三重県の友達があまってるタイヤをくれるというからドライブがてら遠出して行って、向こうで集まった友達とみんなでタイヤ交換を済ませた。

鈴鹿峠を越え帰ってきて、早速嬉しくて山のドライブウェイを飛ばした。その翌日、あの事件が起きた。バイトの帰りいつものようにR1を走っていたら後部座席の方からガーーンってものすごい音と衝撃を感じて振り向いたら車と並行して転がるタイヤが目に飛び込んできた！　僕は咄嗟に事態を把握した。

こういう非常事態の時たいがい冷静な僕はこの時もまた、一先ず落ち着いてハザードを点滅させ、ガリガリガリという音を聞きながら車を端に寄せるとすぐさま降りて転がるタイヤを走って追っかけた。タイヤは、よその家の玄関先の庭に転がり入っていってゴロンと横たわり、止まった。

すみませーんと見つからないようにこっそりとお庭にお邪魔して、横たわったタイヤを立てて車まで転がしながら運び、トランクに放り込んで車屋さんの社長に電話した。

僕：おっちゃん大変や！　すぐ来て！　走ってたら後ろのタイヤが取れて車壊れて帰れへんねん。

社長：は？　タイヤが取れた？

僕：ほんまに取れてへん。

社長：わかったすぐ行ったるから待っとけ。

僕はおっちゃんに居る場所を説明して壊れた車の中で救援を待った。おっちゃんは心配して30分ほどで来てくれた。「なぁ、どないしたらタイヤ取れんねん」とか言いながら取れたタイヤを手早く着けてくれた。忙しいのにすぐ来てくれて嬉しかった。

自分で買った車やし自分で直したらええんやろうけど、見るからにかなり修理代は高くつく予感がした。タイヤハウスぐちゃぐちゃなってるし。後日、僕の手元に予想どおりの高額な見積もりが届いた。ダメ元でいっぺん親にも頼んでみたけどやっぱり答えはひとつ。自分の甲斐性相応にしたらええ。

親父のいつもの回答だった。そんなことで車の修理はお金が貯まってからとなった。僕はこの時改めてタダヨリコワイモノはナイということを学んだ。

この車にビーちゃんが初めて乗ったのは、この事件の随分あとで、まだ赤ちゃんのビーちゃんは、膝の上に乗せて発進してもすぐに運転する僕の背中の後ろにまわってよじ登り、何故か肩に乗っていた。そんな思い出のある僕の初めて買った車は、白のクラウンやった。

乗り換えた車は黒のフェアレディZ。これもまた中古でローン。もちろん助手席はビーちゃんの特等席で、窓から外を見るのが大好きなビーちゃんの爪痕が黒いボディーにたくさん付いた。この車に乗っていた頃にはビーちゃんも大きくなり、助手席の窓から顔を出して耳を風になびかせていた。

ある日のこと。信号で止まろうとスピードを落とした時、突然窓からひょいと飛び降りて草むらを走っていくビーちゃん（汗）。僕は慌てて車を脇に止め、草むらの中を走り去るビーちゃんを追いかけた。「ビーちゃん　帰ってきなさい　ビーちゃん　おいで！」大声で叫ぶ僕の声に止まってチラッと振り向き2、3メートルまで近づくと、ぴょんぴょんとウサギのように跳ねて逃げるビーちゃん。完全におちょくられている僕。

そんなことを止め処なく繰り返し、捕まえた時には僕もビーちゃんも全身ドロドロで、もうへとへとに疲れ切ってその日のおでかけは中止となってしまった。それからはビーちゃんと一緒の時は車の窓を全開にすることをやめた。こんなことは他にも多々あった。

休みの日すこし遅く起きた朝のこと、僕がパジャマ姿で歯磨きをしていると「ピンポーン」とチャイムが鳴り、お母さんが玄関ドアを開けた瞬間に足元の隙間からビーちゃんが脱走した。「ビーちゃん出てったよー」とお母さんの声に即、反応し僕は歯ブラシを咥えたまま、とっさに玄関のお母さんのツッカケを履いて家を飛び出しビーちゃんを追いかけた。

ビーちゃんは、あの時と同じように、また僕との一定の距離を気にするように、ちょろちょろと後ろを確認しながら小走りに進む。その後を延々と追う僕は、あたまはボサボサ、歯ブラシ咥えたまんま、お母さんの小さいツッカケで走って足の皮はめくれ、負傷しながら1キロ以上を息を切らしながら追跡して、やっとのことでビーちゃんを捕まえた。

ビーちゃんを抱っこして、僕はもう疲れ切ってヘトヘトで家に帰るとお母さんが「どこまで行ってたん。ビーちゃん無事でよかったなぁ」とビーちゃんを撫でながら、「もう出てったらあかんえ。車にでも轢かれたらどうするの」ってビーちゃんに言うた。

疲労といえば、こんなこともあったな。夏に家族で川に日帰りキャンプに行った時のこと。ビーちゃんは初めての川。誰もいなかったからリードを離して解放され楽しそうに駆け回っていたビーちゃん。若かりし頃、ジープに乗りキャンプ三昧の夏を毎年のように海で過ごしていたお父さんは、昔を思い出し、はりきってリーダーシップを発揮して僕らに役割分担の指示を出した。飯盒でご飯を炊くために枯れ木や大きな石を集める役を任された僕は丁度その時、大きめの石を運んでいた。ふと気づくと、さっきまで、ちょろちょろと僕の周りをついてまわっていたビーちゃんがおらんやん。急に嫌な予感が漂った。

辺りをキョロキョロと見渡すと川面を泳ぐ小鳥を捕まえようと下流に向かって後追いして歩くビーちゃんを発見。突然猟犬の本能に目覚めたのか、このままでは小鳥が危ない。ビーちゃんから小鳥を護らんとあかん。走ってその後ろを追う僕。小鳥、ビーちゃん、僕と縦列に並び川を下る。はよ飛んでください小鳥さんと願いながらひたすら後追い早足で歩いた。怪我でもしているのか一向に飛ぶ気配もない小鳥。狙うビーちゃん。どんどんと小鳥とビーちゃんの距離が縮まり、焦る僕は「あかんでビーちゃん！　小鳥食べたらあかんで！」と叫びながら追うが川底で足がすべり、ビーチサンダルが脱げて流れていった。

片方裸足で足の裏は川底の石で、むっちゃ痛いけど止まるわけにはいかん。必死で追いかけてる最中にだいぶ遠くなったキャンプ場所からお母さんが「何してんのー。カレー出来るでー」と大声で呑気に僕を呼んでいる。僕はとてもそれどころではないから呼びかけを無視していた。今のこの危機的状況を家族が誰一人として把握していない現状を僕はその時知った。そのあと小鳥は中州に上がりすぐに飛び立った。

想像してもらえるかと思うが、この時もかなりの身体的精神的疲労やった。ビーちゃんを抱えて戻りカレーをみんなと食べてたら、お母さんに「あんたなんにもせんとどこ行ってたん。足どうしたん。血出てるやん。靴履きなさいや」って言われた事を覚えているが、その時の僕には、もはや説明する気力も残っていなかった。ビーちゃんの脱走劇は、この後もたびたび訪れた。

犯人はやはり

ビーちゃんが我が家に来てから、食いしん坊ビーちゃんの実家での盗み食いと拾い食い事件が勃発していた。そのいくつかを紹介する。どれから話そうか考えるほどたくさんあるが、まず家族を巻き込んだ事件からふたつ話そうと思う。

ひとつめは大晦日のお昼前の出来事。その日は大晦日ということで仕事も早く終わって家に帰ってきたらビーちゃんのガリガリと僕の部屋の引き戸を掻く音。正しく言うと掻く騒音と振動、やな。全身を使って全体重を乗せて懸命に休まずに大きな引戸を掻くその姿には、いつも僕と居たいという熱い想いと、ここから絶対に出るというビーちゃんの執念がこもっていた。

僕の部屋の引戸の端っこは爪で彫られた跡が刻まれていて、まるで小さなツキノワグマが生息しているかのようだ。とにかく閉所恐怖症の僕と似ていて狭いところや、閉じ込められる事が大嫌いなビーちゃんに育っていた。

「ただいま～」と言いながら階段を上がり部屋を開けると僕に飛びついてきて喜

ぶビーちゃんと暫く遊び、服を着替えベッドでゴロゴロしながらテレビを見ていたら、玄関ドアが開いてゴソゴソと音がした。どうやらお母さんが帰ってきて玄関に車に積んだ荷物を下ろしているいつもの様子。

僕は知らないうちにうとうとと寝かけていたらしい、その時下から「これーーーーーっ」てお母さんの大きな声が僕の耳に飛び込んできて、嫌な予感がした僕は慌てて飛び起き階段を駆け下り一目散に玄関に向かうと、1メートル以上ある棒鱈を咥えリビングの入口のドアにつっかえて入れないでいるビーちゃんの姿を見た。僕は急いでビーちゃんに駆け寄り「棒鱈を離しなさい」って大きな声で叱りながら棒鱈を引っ張るが、ビーちゃんは力一杯噛み付いて離すどころか綱引きみたいに僕と引っ張り合いっこが始まるしまつ。「ヴーヴーッ」と唸り声を発し棒鱈を引っ張って遊んでいるビーちゃん。

もう言葉で叱っても聞かないから、僕は音を立てるようにバーンと壁を手で叩いてビーちゃんがビックリした瞬間に棒鱈を引き抜いた。そしたらすぐさま玄関に走って行き、置いてた買い物袋に頭を突っ込み、また別の食料を物色し始めていた。ここでやっとビーちゃんの身柄確保。抱っこして2階の部屋に連れ戻った。

棒鱈はかなりかじられていて、買い物袋の中を調べると他にも被害が見つかり、車から先に下ろしたすき焼き用の牛肉は完食されていた。

この時、お母さんは、初めて聞くような甲高いキーキー声で「この犬は、ほんまにかなんな～。お正月のおせちの材料買ってきて玄関に下ろしてたほんのちょっとの隙にお肉全部食べてしもて、すごいで～」って言いながら僕を睨んでた。僕は「あかんやろビーちゃん。朝ごはんちゃんと食べたやろ」とビーちゃんを叱りながら生の牛肉を食べたビーちゃんのお腹の具合の心配をしていた。

それと悪いとは思っていながらも、その時のお母さんのキーキー声とその悲壮な顔が何故かおかしくて密かに笑いをこらえていた。そしてその牛肉と棒鱈の損害賠償請求が僕に来るのではないかと恐れていたが何とか免れられた。

御飯時に1階のリビングの食卓テーブルに乗ってテーブルの上の物をかたっぱしから食べ荒らすという事件は僕の留守中にも何度か起こっていたようで、ある時、仕事から帰るとビーちゃんの口に犬用の猿轡《さるぐつわ》がつけられていて、お母さんに向かって激怒したことがあったけど、今思えばそれも致し方なかったことと反省している。

ふたつめの話。これはほんまに我が家のミステリー事件やった。何日かに及ぶ調査をしても判明せず、事件後数日経ってからことの全貌が明らかになった。

ビーちゃんは当時、缶のペディグリーチャムを1日ひと缶食べていた。朝に半分あげて蓋をして置いておき夜に残り半分をあげる。その繰り返しやった。夏は冷蔵庫に入れて保管し、冬は冷蔵庫の上に置いていた。冬の休日のその日、いつものように夜ご飯をあげようと冷蔵庫の上の缶を……あれ？　ない。冷蔵庫の上にあるはずの残りのごはんの缶がない。確かに朝に半分あげて残りをここに置いたはず。一応周りを確認したけどやっぱりない。

1階に下りて行ってリビングにいる家族のみんなにも聞いてみた。「ビーちゃんのごはん知らん？　冷蔵庫の上の残りのやつ」みんな口を揃えて「知らんで」と答えた。「そやけどないねん。朝確かに置いといたやつが。ないねん」と僕は諦めがつかずに更に問い詰めた。「きしょくわるいこと言うなぁ～、あんた」「泥棒か？　ビーちゃんのごはん半分持って行ったん」と半笑いでお母さんが言うた。「犬のごはんだけ盗む人っているんか？」と妹。お父さんはTV見たまま無関心。「お母さんは食べてへんで」と言いながらお母さんは爆笑してる。「お父さん食べたんか?」とまだ面白がって聞くお母さん。「食べへんわあほ!」と大きな声でチョットキレ気味のお父さん。それにまた爆笑するお母さん。気持ち悪いから真剣に聞いてるのに。「もうええわ」とバタンとリビングのドアを閉めて2階の部屋に戻ってまた探したけど、そもそもこの部屋は8畳に押入がついてるだけの部屋やし、そんなに探すとこがない。ペディグリーチャムがひとりで歩いて行くわけないし。僕はそれからずっと、ほんまに気持ち悪かった。とにかくその日は探すのを諦めて新しい缶開けてごはんをあげた。

次の日の朝、出勤前に玄関でお母さんが「ビーちゃんのごはんあったか?」と聞いてきた。「ないねん」と僕。「あんたなんか勘違いしてるんちゃうか?」とお母さんに言われ「してへんわ、ほんまに置いたんや、毎日そうしてるんやし間違いないし。お母さんボケてバーディーにあげたんちゃうか?」と僕が言い返すと「ボケてないわ‼ お母さん!」と大きな声で朝から笑いながらキレ口調のお母さん。「ほなお母さん。昨日あの場面で言いにくかった人がいるかもしれんから僕がおらん時にもう一回そっとみんなに聞いといてくれへんか。もし誰かの仕業でも怒らへんし僕。頼むわ。気持ち悪うて寝れへんし」「ほんまやなぁ。わかった、聞いとくわ」とお母さんに頼んで仕事に出掛けた。

　この奇妙な話は、仕事場でもみんなに聞いてもらって何か他に原因がないか探ってた。真剣に悩んで話す僕に、同時期に入ったひとつ下の後輩が「うち食べてへんよなぁ」と真剣な顔でふざけたことを言うからいらついた。なんでやねんっ‼とツッコミを期待してのボケやろうけど、腹が立つから僕は知っててスルーしてやった。けど周りはかなりウケてたからそれがまたしゃくに触った。

　この奇妙な出来事から数日経ったある日の夜。部屋で寝転んでレンタルビデオを見ていると背後をスーッと何かが通る気配を感じた。部屋にはビーちゃんと僕だけ。怖いからゆーっくりと少しだけ首をまわし横目でそっと見てみると、えーーーーーーっ！　僕は心の中では叫んでいたが大きな声を出すとバレるから堪えて気づいてないふりをしてそのまま静観していたら、そのふたつの物体は押入のところまで真っ直ぐに進み、コツンと押入の戸の敷居に当たり止まった。それから起こったその行動を見て全ての謎が解けた。

　ふたつの物体の正体はこれや。僕の部屋には膝丈くらいの籐の椅子があって、その椅子をビーちゃんが二本足で立ち、手押し車のように押して歩いていたというもの。いつも開けていた押入の敷居に当たるまで進み、止まったところで椅子の上に乗り、そこから更に押入の上段に跳び乗って、そこから冷蔵庫の上のごはんの缶を咥えて床に落として召し上がっていたのだ。そやけど食べた後の缶は？缶はどこいったんやろ。

ビーちゃんは悪いことをした時や、部屋の中の物をこっそり盗み食いする時には、決まって抜き足差し足忍び足でひとっつも音をたてずにそーーっと部屋から出てバルコニーにある自分の小屋に行く。その姿はまるで太った猫のよう。それは何度となく見かけていたので、もしやと思いビーちゃんの小屋の毛布を引っ張り出してみたら、あった。発見した。きれいに完食されたペディグリーチャムの缶が出てきた。こうしてこの奇妙な事件の謎は解け気持ちもスッキリしたのだが、それにしてもうちのビーちゃんはなんと頭の良い犬なんやろ。ビーちゃんと部屋で同居して色んな発見をし始めた時だった。

大地震と大事故

僕24歳。BW3歳の1月20日朝8時頃。出勤途中、大事故にあった。前日から熱っぽく身体がだるいなぁと思っていた。朝寝坊をして慌てて飛び起き身支度をし、ビーちゃんにごはんをあげて「今日も賢くしといてや。行ってきます」と言ってバタバタと階段を駆け下りた。出際に玄関で、お母さんが「気をつけて行きなさいよ。あんた今大殺界で運気悪いて」と、妹が言ってたとか。「どうもないわ、そんなん」って言い放って、靴を履きながら急いでドアを開け出てった。

その10分後僕は事故にあった。

この年の1月17日、事故の3日前阪神大震災が起こった。この時のことは今もよく覚えている。当時、2年くらい付き合っていた彼女の自宅が大掛かりな増築改装工事をしていたのでお互いの親公認で工事が終わるまでの間、彼女は僕のところに寝泊りしていた。

その日の明け方5時半を過ぎた頃、ごぉーーーっていう地の底から響くような大きな音が聞こえて目が覚めたその瞬間、ドーーンと下から突き上げるような激震。間もなく大きく揺れ続け、初めて感じる死を予測するぐらいの恐怖が僕を襲った。隣で寝ていた彼女は僕にしがみつき、僕は咄嗟に彼女の上に四つん這いになって覆いかぶさり、布団をガバッと頭からかぶった。僕が守る。大丈夫。そう心の中で腹を括った。

これまでバイクで事故ったりして何度か九死に一生を得てきた。その時の僕には特に将来の夢もなく、大切なこの人を守って死ねたら本望やと本気で思った。どれくらい揺れていたんやろう。すごく長く感じた。揺れがおさまってすぐ僕はビーちゃんを探した。「ビーちゃん大丈夫か？」と声をかけるが部屋のどこにもいない。慌てて部屋の掃き出しから外を探したらバルコニーの小屋の中で発見。僕はビーちゃんのその姿に目を疑った。

ビーちゃんはお腹を上向けて、足を上にあげて爆睡していた。えーーーっ？こいつ大物過ぎる。この方はそもそもこの大地震に気づいていない。犬やのに。そんなこともあるんや。並大抵の鈍感力ではない。そのあと家族みんなに声をかけた。

お母さんは僕の部屋の前の和室で寝ていて、「大丈夫か?」とドアを開けると、洋服ダンスに寄り添って直立していた。それを見て「何やってんの?」て聞いたら「タンス倒れてきたら怖いから」ってそうお母さんは答えた。確かに危ないわな。そやけど、ねまき姿でのあまりにも綺麗なお母さんの直立に、ちょっと笑えた。おかげ様で我が家は家族全員無事だった。

その日の朝、いつも通りに仕事に行って、仕事仲間のみんなと食堂でコーヒーを飲んでたらTVのニュースで大火事や高速道路の崩れ落ちた映像が流れているのを見て、初めてこの地震の被害の大きさを知った。この時には、まさか3日後に半年間も入院するほどの事故が自分に起きるなんて夢にも思ってなかった。

事故の日、急いで車に乗り込み勤務先に向かった。いつもの出勤コースを走り4車線の大通りに出て勾配のある交差点に差し掛かった時、突然目の前に車が左横の脇道から出てきて前に立ちふさがった。僕は慌ててハンドルを強く握りブレーキを思い切り踏んだ。ガッシャーン。その時のことは、怖くて思い出したくないけれど、あれから20年以上も経った今でも鮮明に覚えている。

真正面から当たった僕が乗っていたワンボックスの軽バンは、フロントガラスがバリバリに割れ、ハンドルより内側まで車体はめり込み、大破した。この仕事を始めた当時、ワンボックスの軽バンは鼻が無いから危ないなぁって一緒に働く友達と、ぶつかる時を想定して、足を上げる練習をしていたがそんなことは全く役に立たなかった。僕の右足はハンドルとシートの間に挟まり膝が抜けなくなっていた。

よく見ると太ももの骨が折れて盛り上がっていた。痺れて麻痺し痛みはなかった。終わったな。挟まった血まみれの右足を見て、僕は右足をなくすのか。もう歩けないのか。この先どうやって生きていこう。今の仕事はもうできないな、なんて考えていた。

その時、事故の相手のおじさんが車から降りて交差点の角にあったガソリンスタンドの人に何か言いに行ってる。僕の後から車で追走してきた彼女が車から降りてきて、おじさんに詰め寄り何やら激怒している。救急車を呼ばずに警察の方に先に電話してスタンドの人に事故の証人依頼をしていたとか。

それどころでは無い僕の車の横に走ってきた、知らない身体の大きなお兄さん、押し潰されて開かないドアを僕の彼女と一緒に一生懸命に引っ張ってくれている。

バキバキバキバキと音はするがなかなか開かないドア。そうこうしてる間に警察がきて、何やらざわざわとやってる。どうやら僕の車からオイルかガソリンかが漏れていたらしい。次に消防車が2、3台きて包囲され消防士が近距離からホースをこっちに向けてかまえている。僕は車の中で足が挟まったまま、あの懐かしい番組の最後の懺悔のおじさんみたいに必死の顔で大きく両手を上げてバツ×をつくり消防隊に止めろ！　のアピールをした。この状態で水かけられるとか勘弁してくれと祈るような思いでいた。

レスキュー隊が駆け寄りまだ開いてないドアの窓から「大丈夫ですか！　すぐに救出しますから」って大きなニッパーみたいなものでドアの隙間を広げて、後ろのハッチバックを開け運転席のシートを容赦なくバーーーンと倒したから僕は突然シートごと後ろに身体を倒されて目玉が飛び出そうなほどの激痛が走った。

痛いーって言う間も無く、その瞬間、後ろ向きに倒れたままの身体の両脇を掴まれてせーのって後ろに引きずり出された。1、2、3って担架に移され救急車に運ばれた。

もう痛いってもんじゃない。かなり素早かったけど負傷してる僕への荒っぽい扱いに痛すぎるあまり正気を失いブチ切れ、救急隊員の胸ぐらを摑んで「痛いーっ」ってその時のありったけの声を振り絞り訴えた。

救急車に乗って病院に運ばれてる間、名前や年齢、頭や上半身が大丈夫か聞かれ続けていた。すぐに最寄りの病院に着いてお気に入りのジーンズを断りもなくハサミでシャーッと切られ、「じゃ手術前にレントゲンを撮りまーす」って明るく看護師さんが言って。

その時のことは忘れもしない。僕は足の骨が折れてるいうのに。「はい頑張ってちょっと横向いて」とか言われて、左右に足を向けて死に物狂いでレントゲンを撮った。鬼やこいつら鬼や。看護師さんは僕の手をギュッと握って「頑張って頑張って」と無茶をいう。その声にムカつきながら言われる通りに頑張って応えた。

そのあとすぐに医者がきて「派手に事故ったな、出勤途中に大渋滞の横を通りながら見てた。私が手術するんやろなって思っていた」と僕の手術をして主治医になるその医者が言った。

それから手術室に。僕は6時間という長時間の手術を受け、目覚めた時はもう

15時くらいやった。僕の右足は無くなっていなかった。突然の事故から手術、そして入院に。この事故で、家族をはじめ、たくさんの人に心配と迷惑をかけることになった。その日の夕方、早速トイレに行くのに相談もなく勝手に車椅子に乗った。僕の右足は大腿骨骨折、膝蓋骨骨折。太ももの骨がふたつに折れ、膝の皿が6つに割れた。膝の皿は取り出しワイヤーで繋ぎ留め、お尻から膝まで鉄のプレートを入れたと主治医から説明があった。リハビリも含む入院が長期になることも聞いた。もう仕事に行けないな。僕は絶望を感じた。

手術当日、自分で車椅子に乗ってトイレに行きたくて勝手に点滴を速く落としたことで気持ち悪くなり、足が痛み熱が出て眠れず、夜から明け方まで何度も座薬を入れた。座薬を持ってきて初めて入れてもらった看護師さんが、妙に可愛くて、恥ずかしいやら情けないやら、痛いやら複雑な気持ちやった。手術が終わってから病室に戻ってベッドで目覚めた時は、彼女がいてくれてお母さんは少し経ってから来た。大破した車を見たお母さんは僕が死んだと思ったらしい。それくらい車はぐちゃぐちゃやったんやなぁと改めて思った。

二日目の夜、熱も随分下がり寂しくなって車椅子で電話をかけに行ったんやけど談話室の角に置いてる公衆電話に手が届かなかった。なぜかというと、折れた方の右足は曲げることが出来ず、車椅子の足置きの上の箱に足をピーンと真っ直ぐにして置いていたから前向きでは届かない。バックで近寄ろうとしてみたけどテーブルと公衆電話をびっしり囲む長椅子たちが邪魔でどうにもならない。何分間かいろいろとチャレンジしてみたが結局無理で、急に心細くなった僕は家に帰ろうと病院の玄関先まで行ってみた。

正面玄関の自動ドアは閉まっていて、真っ暗な中に非常口の緑の明かりがぼんやりと浮かんで、何とも気持ち悪い誰もいない夜の外来病棟。怖くなって救急用の出口まで行ったら警備員がいて僕を見てた。僕は出口のちょっと手前で車椅子を止めて考えた。まずあの警備室の前を通過する事が出来るか。

こっから家までどれくらいかかるんやろ。寒いしな。５キロはあるな。途中に段もあるやろし坂もあったかなぁ？　と病院から家までのルートを頭の中に浮かべてみたら……無理や。道のり遠すぎるし。あっさり諦めて部屋に帰って寝ようと車椅子からベッドに腰掛けて右手で右足のズボンの先を引っ張って持ち上げ、先にベッドに右足を置き、それからお尻を真ん中までずらして元気な左足を乗せてふとんをかぶり、寝ようと努力してウトウトとしはじめた時、何処かの病室から細い声で「死ぬ〜死ぬ〜痛い〜死ぬ〜」と叫び声が聞こえた。

えーーーっ??? 誰か看護師さんはよ行ったげな大変や!!! 誰も気づいていないのか？ まだずっと叫んでる声が止まないから僕は怖くなってナースコールを連打で押した。そしたらすぐに看護師さんがきた。「どうしました？ 何かありましたか？ しんどいの？」って聞くから「いや、さっきから、どっかで死ぬ痛いて何度も言うてはりますよ」って教えてあげた。「あーあれは毎晩やから大丈夫」って看護師さん。いやいや大丈夫ちゃうし僕むっちゃ怖いし寝られへんしと心の中で言った。けど実際には「そうなんですか」と答えた。

看護師さんがステーションに帰って行った後もその雄叫びは当分の間続いた。その時僕は、耳栓買おう。決めた。買ってきてもらおう。朝になったらきっと誰か来るし、すぐに頼もう。そう決めて頑張って布団かぶって夜明けまで耐えた。

次の日、お母さんがＮＴＴの最新の折りたたみ式携帯電話を買って持ってきてくれた。これはすごく嬉しかった。これで公衆電話に届かない問題とストレスは解消できた。早速、昨晩の出来事を話して耳栓を頼んだ。どうやらこの病院は老人が多いみたいで、引っ越す前の町の病院の方がいいのとちゃうかって親たちが言ってて、当時はあまりなかったセカンドオピニオンをお願いして、転院の話も出ていた。

そんな時、僕の主治医が部屋にきて転院とセカンドオピニオンの相談を親がした。そしたら主治医の今井先生はこう言った。「転院は必要ないです。手術も成功してるし僕に任せてください、治りますから」と自信満々の言葉に僕達は先生を信頼してここで治すと決め、転院しないことを選び、セカンドオピニオンだけ落ち着いてからすることになった。

後からわかったんやけど、僕の手術をしてくれた主治医の今井先生は医大から期間限定でこの病院に来ていたらしく、整形外科医では名医やったそうで、事故の日たまたまそこを通りかかったらしい。この時、僕はほんまに悪運が強いと思った。この日の夕方からご飯が食べられるようになり、とりあえず病院食を嫌々食べた。

入院生活

僕の部屋は6人部屋で、見舞い客が多いからか、入院から一週間経った頃一番奥の窓際にベッドを移動した。外が見えるし日当たりもよく気に入った。見舞いの人が持ってきてくれる本やCDが少しずつ増えていき、この病院にもちょっと慣れてきた。

ベッドを移動して窓際になった日、さっそくビーちゃんがお見舞いに来てくれた。彼女が僕の部屋に寝泊まりしていたからビーちゃんも寂しくないし、散歩やご飯の面倒も見てくれて助かっていた。病室の窓から下を見ると寒空の下ビーちゃんがどっかよそ向いて立ってる。「ビーちゃん！　ビーちゃん！」と窓際に顔を出して呼ぶとやっとこっちを見た。あの時は、ほんまに泣けるほど寂しさがこみ上げたなぁ。抱っこしたいのにできないし、触れない。早く病院から出られるようになりたいと強く思った。

10分ほどでビーちゃんは帰って行った。だけど変わらず元気なビーちゃんを見られて嬉しかった。携帯電話もあるし、いつでも電話ででもビーちゃんの様子を聞けるようになり少し安心し、治療に専念する気が起きた。

　向かいに3つベッドが並び、僕のベッドの真ん前の人は昼間はカーテンを開けてることが多く、顔を合わすと挨拶を交わした。見た感じ60歳くらいの人。その隣の人はいつも直角に近いほどにベッドを起こして妙に周りをキョロキョロ見て、よく独り言のようなことを結構大きな声で話しているから、ちょっと怖かった。そのまた隣の入り口に一番近いベッドの人は、80歳くらいのお年寄りで、毎日決まった時間にお家の人がきた。そのお家の人もまぁまぁのお年寄りで、僕によく「これよかったら食べて」ってお裾分けをくれる気さくな人で、僕の見舞いの人達とも仲良くなってよく話してた。

　入院して3日目の夜、寝付けずにトイレに行こうと起きた。前のベッドの人のカーテンが半分くらい開いていて、ごっついイビキをかいてたから、ふと見たら昼間の人と違う。もっかいよく見てもやっぱりちゃう。まるで落ち武者のような頭で大口を開けているその寝顔に、僕は背筋の凍るような恐怖に襲われた。怖い、怖すぎる。急いで車椅子に乗ってナースステーションまで行き、前の人が昼間の人と変わっていることを言った。

看護師は鼻で笑うように「変わってないよ」と言う。そんなはずない。髪の色も髪型も全く違うし。お化けが出たのか？　トイレに行って恐る恐る部屋に帰りベッドの布団に潜り込むようにして寝た。朝方また目が覚めて前の人をもっぺん確認したら何か枕の横にある。黒猫が丸まって寝ているような姿が見える。そんなはずないと起き上がって目を凝らしてよく見たら、ヘルメットのような形のそれはカツラ。カツラを脱いで寝ていたんや‼　なんてお洒落さん。ほんまに怖かった。看護師は知っていたのか。そやから鼻で笑ったのか。

お化けの正体がわかったから、それから僕は安心して爆睡した。そして朝から僕のお見舞いに来た人みんなにこの恐怖体験を喋り、僕がどれだけ怖かったか訴えかけたが、もちろん笑われて終わった。

その隣の方は、僕が入院してから腕時計と、今日は昼間に財布がなくなったと騒いでいた。この間の腕時計は自分の腕に付いているのを看護師さんに発見されていた。今日の財布もきっとどこかにあったんやろうなぁ。初めての入院は今までにない未知の世界、こんなところにこれから当分の間いるのかと思うと先が思いやられた。

入院して3日目から、ベッドの上で膝を曲げるマシーンでのリハビリが始まった。まだ抜糸もしていない状態で、緩い角度からゆっくりと膝が曲がるから縫ったところがピリピリと痛んだ。その頃、滋賀にもドクターヘリで搬送されたという、震災で負傷した人が僕のとなりに入院してきた。聞くところによるとこの人は震災時、アパート住まいで2階のベランダが落ちてきて負傷したとか。

数日経ってもその人のベッドは、ずっとカーテンが閉められていてどんな人か見たことがなかったし、話し声も聞いたことがなかった。さらに何日か経ってからこの人に珍しくお見舞いの人がやって来たらしく、何やら聞いたことのない言葉であやしい会話をしていたとか周りの人達が言っていた。

その時は特に気にしていなかったが、後にこの人のベッドにオウム真理教の本なんかが置いてあったとか噂を聞いて、僕はちょっと怖かった。入院生活にも少し慣れた1週間が経った頃から事故の事情聴取で警察官や保険会社が来たり、会社関係の人が来てくれたり、元カノが何名かお見舞いに来てくれて今の彼女と言い合いしたりでちょっとした修羅場があり、僕は精神的になかなか忙しかった。

仕事の方は僕の彼女の協力もあり仲間のみんなが僕の復帰を待ってくれ、いつでも職場に戻れる体制を作ってくれていた。これはこの時の僕にとって最大の生きがいになり頑張る気力に繋がっていた。病院での生活にもちょっと慣れてきた頃、世話やきな太っちょオバちゃんや19歳のサトシと友達になった。この2人は僕と同じく膝のお皿を骨折して入院していた。サトシは僕と同時期に手術していた。オバちゃんは手術してからもう半年くらいになるらしいが、まだ車椅子でリハビリを頑張っていた。

半年経ってまだ歩けなかったら、僕はもう今の仕事には戻れないなぁって思っていた。3人とも部屋は別々で、サトシとは本やCDの貸し借りをよくした。僕の部屋からラジコンのパンプキントラックの荷台にいろいろ載せて隣のサトシの部屋に運搬していた。日々ラジコンの操作は上達し見なくてもサトシのベッドに横付けできる腕前になっていた。オバちゃんはいつも車椅子に乗ってお菓子とか僕の部屋まで持ってきてくれていた。

そんな毎日を過ごしていたある日、病院の廊下で彼女と大喧嘩をしたのを覚えている。原因はこうだ。車椅子の僕に彼女が何かを手渡そうとして僕が手を伸ばして受け取ろうとした時、いつものおふざけで、彼女がすーっと手を引いた。僕は一生懸命に取ろうとするが、手が届かない。いつもなら笑って取り上げるところが立てない僕は苛立ち、「貸せよっ」て大きな声になり車椅子で詰め寄っていたら看護師に注意されて余計に腹が立った。

こんな所で喧嘩するなら帰りなさいと言われた彼女は、怒り冷めやらぬ僕を置いて帰っていった。僕は車椅子で廊下の一番奥まで行って外を見ていると悔し涙が込み上げてきた。事故をして、大怪我をし職場のみんなに迷惑をかけて怪我の完治すら定かでない。競走はいつも一番で負けた事がなかった僕が、今は立つことも出来ない。どうしようもない現実にやり場のない焦りや苛立ちを強く感じてひとり泣いていた時、オバちゃんが車椅子で僕の後ろに来て、「泣かんとき。頑張ろう」って言って手のひらに乗るくらいの小さな折り鶴をくれた。僕は情けなくて悲しくて、涙が止まらず無言で当分の間そのまま外を見ていた。

太っちょのオバちゃんはそれからもよく休憩室行こうかって誘いにきてくれたりして僕を気に掛けてくれた。優しい人。病室ではオセロが流行っていて負け知らずの僕のところにいろんな人が対決に訪れたが誰も僕に勝てず、面白くなくて、リベンジにしつこく来るそのオバちゃんと、他の人達に断りを入れて、そろそろ飽きてきていた僕のオセロゲームの日々は終わった。

入院生活もそこそこ面白い

毎日の日課は、ベッドの上でのリハビリに読書がルーチンワークとなっていた。僕は今までになく退屈極まりない日々を過ごしていた。これまで何ら苦労もせず、わがままに暮らしていた僕はビーちゃんを迎えに行った日から親心が芽生え、この小さな命を守るためにと仕事に対する社会人としての自覚が少しずつ出てきていたところだった。

そんな矢先の事故で自身のすぐ先の未来ですら見えなくなり、不安は拭いきれなかった。僕は歩けるようになるんやろうか？　誰にも迷惑をかけずにひとりで仕事はちゃんと前みたいにできるんやろうか？　後遺症はないんやろうか？　歩けなくてもできる新しい仕事を探すべきやろうか？　そんなたくさんの心配事を抱えながら、これからの人生をどう生きていくのか考えていた。初めて後悔の念に駆られていた僕は、事故をしたあの日の朝に戻らないかと毎日叶うはずのない願いをもっていた。

お見舞いで貰ういろんな本を読んで、知らないうちに僕は今までになく自分を見つめ直すことができるようになっていた。

病院の休憩室では友達の輪がどんどん広がり、毎日夕食後に集まってUNO大会が始まるようになっていた。僕のいる整形外科病棟にはヤクザのオッサンや、ペースメーカー入れてるおばちゃんやらいろんな人がいて、みんなで集まって楽しくやってた。そのうち負けた人に罰ゲームをしようと決まって、ヤクザのオッサンがあまりにもよく負けるから可笑しくて。ゲームをする度に直視できないくらいの有様になっていくから。オッサンの額には大きく肉という文字が書かれ、両ほっぺたには、くるくるなるとマーク。こめかみに怒り💢マーク。

その顔で真剣にUNOをやってる姿は、ほんまに笑えて、また負けよるから更に面白い。これはまぁまぁ癖になった。オッサン、そのまま部屋まで松葉杖ついて帰らはるから、それが看護師さんに見つかってえらい怒られた。それからは、極力目立たないよう消しやすいように小さく書くようにした。

事故の日からちょうど2か月経った3月20日、テレビのニュースで大変な騒ぎになっていた地下鉄サリン事件。オウム真理教の起こした事件だ。このニュースを病室のベッドで見た僕は、隣のベッドの人の噂を思い出していた。事件の翌日、また隣の人のところにお見舞いの人が来た。前回来た人と同じ人。聞き耳を立てて聴いていたら、何やらコソコソと話してまた前と同じように10分くらいで帰って行った。神戸か大阪かから運ばれてこの病院に入院してきたこの人、お見舞いも遠方から来てるんじゃないのかな？　そやのに10分て、やっぱりなんか怪しい。僕の病室でまた噂になってた。

この人が輸血拒否をしたとか、オウムの人が見舞いに来たとか噂は絶えず、隣の僕は怖かったけど、この人はそれから後に僕より先に退院していった。

Zと彼女

この頃、僕のフェアレディZのローンの残金返済をどうするか考える時が来ていた。いよいよ僕の僅かな貯金が底を突く日が来た。そんな時ふと思い出した。確かお母さんが僕のために保険に入ってくれていたはず。サインしたから覚えてる。何かあって仕事ができなくなった時のためにって言うてたから。相談してみた。きっとお金を出してくれるやろうと思って。甘かった。保険金はあてにできなかった。

何を買う時も親父にこう言われていたことを思い出した。自分の甲斐性でできるならやればいい。回答はいつも決まってこれやった。そう思うと、あかんって言われるのは仕方ない。そやけど、事故して怪我してリハビリ頑張ってる僕に何て冷たいねん。それでも親かよってそう思ったら、悔しくて大好きなこの車を手放すのかと思うと泣けてきた。もう絶対頼まへん。絶対に何があっても自分でやる。親なんてあてにせえへん。こんな冷たい親なんて頼らへんって、その時僕は自分に誓った。

それからローンの残金を調べてフェアレディZをいくらで買い取ってもらえるか中古車屋さんにあたってみた。もともとセダンが好きでクラウンに乗ってた僕、乗り換えた理由は付き合っていた彼女がこの車が好きやったから。当時大きくモデルチェンジしてアメリカでも大人気やった。Tバールーフで屋根が開き天気がいい日はよくビーちゃんも一緒にオープンカーでドライブを楽しんでいた。そんな今までの楽しい想い出を思いだしながら、売らないといけなくなったことを彼女に伝えた。

「私の車があるやん。それ一緒に乗ったらいいやん」て言ってくれた。唯一の宝物の車まで無くしてしまうんやな。もう僕には何にもない。この時、僕は初めて自分の事を惨めで情けなく思った。お金がないから大切なものを手放さなければならなくなってしまったこと。これは誰のせいでもない。僕の責任や。貯金をしてなかった僕の責任。

僕がお世話になっていた車屋さんの社長は僕の彼女のこともよく知っていた。彼女はその社長の会社の近くの車屋さんで少し前まで働いていたから、社長とは近所の顔馴染みで、売ると決めたZを僕の代わりに最後に彼女に乗ってもらって車屋さんに引き渡しを頼んだ。彼女は快く引き受けてくれた。

3月末の引き渡しの日、彼女からの連絡を待っていたが一向にないから心配していた。夕方、病院に彼女が来た。「遅かったな、いろいろ有り難う」とお礼を言った。そしたら彼女が僕にフェアレディZの鍵を返したから、「鍵3本とも返さんでよかったん?」って聞いた僕に「怒らんと聞いてや、やっぱりやめた、Z売るの」って彼女が言った。え? なんで? と僕は聞いた。「一緒に私の車乗ろうと思ったけど、やっぱり私Zの方が好きやし車屋さんの社長に頼んで私の車売って、ローンの残金を返してきた」ってそう明るく軽い口調で言った。

彼女は昨年の冬に販売開始になった4WDの新車を貯金を叩いて買ったところやった。その車を売って僕のZを売らずに置いてくれた。僕に内緒でなんてことを。僕はこの時、彼女の行動力のすごさに驚き、感謝の気持ちでいっぱいやった。そして退院したら必ず頑張って僕が彼女に車を買って返すと心に決めた。

4月になって暖かくなり、リハビリも段々と厳しくなってきた。右膝が90度も曲がらない。自転車を軽く漕いで、膝の周りに超音波を当てて筋肉を柔らげ、強制的に少しだけ曲げた膝を固定するように弾性包帯をきつく巻いて3分耐える。これがものすごく痛い。1分くらいでもう我慢の限界がくる。その上リハビリの先生が更に足首を持って太ももに付くようにグッと押すから脂汗が出るほどきつい。最終目標は正座出来ることやけど、先は長い。そんなことで毎日のリハビリが嫌になり、さぼるようになっていた。

毎日毎日下痢が続き、胃痛も起こして、微熱が出て身体がリハビリ拒否反応を起こしはじめた。胃カメラを飲んだり下痢止めをもらったりして体調の回復を優先しながらも、リハビリはそのあとも続いた。精神的にもだいぶ滅入っていた頃、僕の誕生日が近かったから入院して初めて外出許可を先生に頼んでみたら、1泊だけと条件付きでOKが出た。当日は嬉しくて早起きして着替えを済まし迎えを待った。

Zで彼女が迎えにきてくれて家に帰ってビーちゃんに久しぶりに会った。嬉しそうに尻尾を振って近くに来たけど松葉杖の僕はしゃがめないし、抱っこもできない。2階の自分の部屋どころか玄関の一段も一人で上がれなかった。そんな現実を目の当たりにした僕は、今帰ってもビーちゃんの世話すらできないことを悟った。

こんなんやったらみんなに迷惑かけるだけやし、部屋で椅子に腰掛けてビーちゃんを抱っこしながらゆっくり話せたことやし、やっぱり今日は病院に帰ろうかなと思っていたら、彼女がZでドライブに行こうと誘ってくれたから、片足ケンケンで助手席に乗り込んだ。あたり前に乗ってた車も今は運転できない。僕もまた運転したいなぁと思って助手席にいた。病院を外出してから1時間も経たない間に、出来ないことのオンパレードで。初めて今の自分の無力さを味わった。

車の着いた先は10キロほど先のリゾートホテル。ここでランチを楽しんで少し気も晴れた。僕の今の居場所は病院しかない。早く足を治して歩けるようにまでならないと何もできない。もう外泊はあきらめようと思っていたら、彼女がホテルの部屋に車椅子を押して連れてってくれた。そこにはバースデーカードと一緒に大きな薔薇の花束が置いてあった。「25歳おめでとう」って彼女が言った。

中庭の見える広い部屋に大きなベッド。僕はその開放感で目の前がぱっと明るく開けた。その優しい粋な計らいが何より嬉しかった。甘えてばかりいられない。病院に帰ったら、もう逃げずにリハビリを頑張ろうと決心した。

待ちに待った退院

5月に入ってリハビリの成果も見られ足はだんだんと曲がるようになってきて、歩くことは出来ないけど松葉杖なしで立てるようになっていた。ある朝の回診の時に主治医の先生がベッドで座ってる僕に、そのまま足を真っ直ぐ揃えて右足上げてみてって言うたから普通に上げようとしたら僕の足は1ミリも上がらなかった。嘘やろ？　曲がるようにはなったけど、いくら頑張ってもベッドから1センチも上がらなかったことがショックやった。この何か月間で筋肉がなくなってしもたんや。僕は、またその事実に焦った。その日からベッドの上で僕の自主筋トレが始まった。

毎日の課題やいうて彼女が大きな落書き帳に筋トレメニューを書いてベッドの横に貼ってくれた。そこに書いてある猿の挿絵と吹き出しの頑張るウッキッキーってのが多少気になったが、まぁよしとした。

病院での僕には足が折れてる割に、その身軽な動きと顔が猿に似ているということからあだ名をウッキーと付けられ看護師の皆さんまでもが僕をそう呼んでいた。それに僕のコップやタオル、風呂の道具など全部の所有物には猿の絵にウッキーと吹き出しで書かれていた。僕は完全になめられていた。

筋トレの甲斐あって6月に入って松葉杖が取れ歩けるようになり、リハビリは進んで体重の比重バランスを取り真っ直ぐ歩く練習をしていた。

その頃やっと退院の話が出て、足に鉄のプレートとワイヤーが入ったまま退院する事が決まった。そしてそれから数日後に、入院中長く一緒に過ごした病院の仲間たちと別れる日が来た。みんなが僕にいろいろな退院祝いのプレゼントや手紙をくれたのに僕は何も用意してなくて申し訳ない気持ちやった。

僕にとってあの日の事故から約半年間もの長かった初めての入院生活。この間に家族や職場のみんなにたくさん迷惑をかけた。ここで、いろんな人たちに出会って、思いやりや優しさを貰い、やんちゃでわがままな僕はその人達のおかげで頑張れた。この半年で今までにはなかった事を体験し勉強し、またこれからの自分のこともよく考えることができた。その時間をいただいた。歩けなくなって歩けない人の気持ちが前より幾分かわかった。仕事が出来なくなって毎日仕事がある、出来るという有り難みが身にしみてわかった。

僕の代わりに戻れる場所を置いてくれた職場のみんなに、心配して見舞いに来てくれる友達に心底頭が下がった。そして入院からずっとそばにいて僕を支えてくれた彼女のおかげで辛い時も前を向けた。僕はこの時、言葉でちゃんとお礼は言えなかったけど必ずこの恩を返すと自分で決めていた。

同じような怪我で入院していた太っちょのオバちゃんとサトシを置いて先に去って行くのがちょっと辛かったし、別れが寂しかったけど、笑顔でサヨナラをした。

家に帰ると、早速ビーちゃんが喜んで僕のところに駆け寄って来てくれたけど、ビーちゃんのお尻に10円玉くらいのハゲが出来ていたからびっくりして、「お母さん、ビーちゃんお尻穴あいてるやん」て言うと、「知らんで〜」って、そんなお母さんの呑気な返事にムカついた。あれほどビーちゃんのことお母さんに頼んでおいたのに。すぐに病院に連れて行って診て貰ったら獣医さんが精神的ストレスでしょうって言った。あの大震災の時ですら上向いて爆睡していた鈍感力抜群のビーちゃんがストレスって。よほど寂しかったんやなぁと思った。

「ビーちゃんごめんな、長いこと待っててくれたんやな。もう帰ってきたからこれからは、ずっと一緒やしな」ってビーちゃんを抱きしめて言った。

おかげ様で僕はそれから早いうちに仕事に復帰した。前のように走れないし、たくさん荷物も配れない。階段もたくさん上れないし重い荷物の配達にも苦戦した。退院してもまだ週一回はリハビリと検診のため、病院に行く必要があった。事故をして入院で長期休みをもらった僕は、親会社の社長や仲間のみんなに大きな迷惑をかけた。それやのに復帰後も周囲のたくさんの人達に助けてもらった。

会社に借りていた車は事故で廃車になり、廃車になった車の車両保険の免責額を支払い、僕は自分の事業用の中古車を35万円10回払いで購入し、陸運支局に事業登録し営業ナンバーを取得した。俗に言う黒ナンバーだ。

それからは個人事業主の自覚がちょっとずつ芽生え始め、もちろん車の任意保険に自身の生命保険にも加入した。このまま甘えてたらあかん。自分のことは自分でやらないと社会人とは言えない。いつまでも親のスネをかじって、わがままを言うのは間違っているしみっともない。自分なりにカッコよくやりたい。あ〜やっぱり僕はかっこええわというように自己満でもそうありたい。僕はほんまの意味で自立しようと自然に思い、そのための行動を始めた。

それから間もなく仕事中に膝の中のワイヤーが切れて、僕はまた手術入院し、足の中に入っていたワイヤーとプレートを抜いた。この時、むっちゃ焦って主治医の先生に電話をかけたら先生は「あ～とりあえず松葉杖渡すし、取りに来れるか？」って呑気な感じで言うから、僕にとっては一大事やったのに一瞬で気が抜けた。だってプチンってワイヤーの切れる音聞こえたから、態度は平然を装ってたが、ほんまのところは僕の頭の中はプチパニックやったんや。

病院の診察室に着くと先生が小さい手帳をペラペラめくって、「あーこれ終わってからかなぁ」って言うから、何ですか？って付き添いの彼女が聞いたら「明日からキャンプ行くねん！」と。それで先生のキャンプに合わせて入院し術前検査を終わらせてその日を待った。この時の入院は10日ほどで済んだ。

主治医の先生は、手術室でも手術用の帽子の紐をわざわざ頭の上で蝶々結びして、「ロボコン！」と古いネタを言ってニヤッと笑い、痛がっている僕に披露されたこともあった。その時僕は内心、はぁ、今それやる？　と思って苦笑いしてたけど、今になれば僕の緊張と恐怖心を和らげる優しい行いやったんやと思うようになった。

10日入院して、退院後すぐに仕事に戻れるくらい術後の足の状態は良かった。大事故をして、もう働けないかと思ったけど、またこうして頑張れる今日に感謝して、それから僕は毎日毎日ただあたり前に仕事に真面目に向き合い、盆正月関係なく、ひたすら働いた。

同級生の友達は冬はスノボやクリスマスパーティー、夏はマリンスポーツを楽しんでいて最初は僕も誘われていたけど、その度仕事で断るばかりで、その内誘いもなくなっていた。

僕はやればやるだけ稼げて自分で段取りができ、極めて指図の少ない時間調整のできるこの仕事を気に入って、友達と遊ぶことより稼ぐことに以前より増して没頭していた。

そんなある日のこと、仕事場で、責任者の謀反が起こった。これは僕たちを含む下請会社の皆を巻き込んでのことだった。「責任者の○○さんから今日は仕事に行かないで話があるから集まれと電話があったんやけど、どうする？」と後輩が困って僕に電話をかけてきた。理由は何だったのかよくわからないが、この責任者の前の責任者の人も親会社の社長ともめて何人かと一緒に辞めたことがあった。

「僕は行かへん、僕の仕事の親は親会社の社長やし、その人から毎月報酬もろてるんやから」と答えたら、後輩も、「そやんなぁ。何であの人の言うこと聞かなあかんねんってなぁ」と同意見で、僕はすぐ親会社の社長に電話して今起こっていることを相談した。こうして僕と後輩の2人だけが、この集まりに加わらない形で事件は終結し、次の日から多少職場での風当たりはキツかったけど、少し経って責任者が辞めると同時期に、他の人達の大半も次々に辞めていった。

そして僕たちとあと少数の者だけが残った。辞めた人達の配達コースが空くことになり親会社の社長が困って急募をした。僕も協力して人を探し、何名か社長に紹介して僕の仲間が増えた。それまで既得権を握っていた人達が去ったことで、僕の周りから職場環境を整え公正に働きやすい職場に変えることができるようになった。若い人でも年寄りでも気軽に安全に働ける不満の少ない環境を、実体験から学んだことを基にみんなで作っていった。

職場は今までの枠を越えた相互協力による助け合いが生まれ、個人では対応し辛かった問題も徐々に無くなっていった。僕たちのような個人事業主はそれぞれに委託契約を親会社と交わして働いている。

僕は事故を起こして、この契約書の内容を改めてよく理解し、僕が会社に払うべき損害賠償や会社が僕に支払うべき保険料など、専門家や周囲の経営者に教わりながら勉強し、なんとか解決に至った。社会人、その上事業主になるということは、法律や会社のルールに従って自分の職責を果たすことが重要、要は人のせいにはできないっちゅうこと。仕事場で起こる全ての物事の責任は自分にある。それを身をもって学んだ。この時僕には従業員が3名ほど出来ていた。事業用の車を増車した。

26歳になってすぐにZが故障した。ゴールデンウィークの休みに大阪まで出掛けている最中にオートマチックが壊れて心斎橋から自宅までの約70キロの道のりをロー（1速）でなんとか帰ってきた。忙《せわ》しない僕にとってこれほど苦痛なドライブはなかった。想像を絶するストレスがかかった。おそらく道ゆく人たちはこんなに遅いフェアレディZを見たこと無かったやろう。後日これの修理代30万円という見積もりが出たから、4年間世話になった相棒をやむを得ず売ることにした。

ＢＷに命の危機迫る

ビーちゃんはというと、仕事の付き合いも増え僕の帰りが遅くなった日は布団の枕の横にウンコをしてたり、ベッドのマットからスプリングが飛び出ていたり、バルコニーに置いてある１メートル以上ある幸福の木が鉢から根っこごと引き抜かれ部屋の真ん中に置かれていたり、たくさんのビーちゃんの怒りが炸裂し、夜中に帰宅した僕は衝撃に襲われた。疲れているのと、怒りが理解できるからいつも黙って片付けて寝た。

そんな時、だいたいビーちゃんは知らぬふりでバルコニーの小屋で仰向けに片足上げてイビキかいて寝ていた。驚いたのは、ひとりで移動させるのも大変なくらいの冷蔵庫が部屋の真ん中までしょっ中、移動されていて、ドアのパッキンがちぎれボロボロになっていたことだ。何度、電器屋さんに冷蔵庫のパッキンを買いに足を運んだことか。いつの頃からか電器屋の店主も僕が訪れると黙っていつものパッキンをすぐに差し出すようになっていた。きっとさぞかし不思議なことやったやろう。

店主は特に何も聞いてこなかったが常連になっていた僕は、きっとまたパッキンが来たとか言われてたんちゃうかなぁと思う。

冷蔵庫に入っていた牛乳は毎回全部飲み干されてなくなり、何故かこぼした形跡もなくどうやって飲んでるのか不思議やった。いい加減これを阻止しようと考えた僕は、たまたまテレビ番組で知った幼児用のストッパーを買って冷蔵庫のドアに取り付けて対策したがストッパーをも噛みちぎられ、それも時間の問題ですぐに攻略された。この頃は毎日が僕とビーちゃんの知恵比べみたいになっていた。

そういえば実家にいた時、ビーちゃんは何度か急病で病院にかけ込んだことがあった。それは夏の暑い日のこと。仕事を終えて夕方家に帰ったら、バルコニーの隅から僕の方にヨタヨタと歩いてくるビーちゃん。ビーちゃん、どないしたん？と頭を撫でたら頭がチンチンに熱い。身体も熱い。僕は慌てて冷たい水をたくさん入れてあげたらガブ飲みしたけど、すぐに吐いた。氷で脇の下やらを冷やしたりしたけどビーちゃんはしんどそうにしてる。急いで病院に連れていったら院長先生に「熱射病です」って言われて直ぐに点滴をしてもらった。

点滴中に僕はもう大丈夫やと安心して、「家に帰ったら酔っ払ってるみたいにフラフラでびっくりしました」と冗談まじりに言ったら、先生が突然恐い顔になって僕にこう言うた。「まだ安心ちがうよ、危ない状態やで、吐いて体力も衰弱してるし」。僕は急にものすごい不安になって事態を軽く考えていたことを猛省した。点滴しているしんどそうなビーちゃんの姿を見て、ビーちゃん死んだらどうしよう、と心配になって半泣きで治るように祈った。

家に帰ってからずっと寝ているビーちゃんの側で朝まで僕も一緒に寝た。おかげ様で次の日の夜、ご飯はしっかり食べて、またいつもと変わらない元気なビーちゃんが見られた。バルコニーはコンクリートで熱が反射して、猛暑の日は地獄のような暑さになっていたのに、部屋の中もきっと暑かったんやなぁ。ごめんなビーちゃん。親として僕は失格やった。

このことを教訓に、それからは部屋にクーラーをかけて出かけるようになった。お母さんからはクーラー代はろてや。といわれ、はろたるわと僕はそれから家に電気代を納めるようになった。

もうひとつはコンバット事件。これはビーちゃんがリビングの炊事場に置いてたゴキブリ退治の薬コンバットを食べてしまったという事件。あわてて病院に駆け込み胃を洗浄して吐かせる処置をしてもらったことがあった。

この時はすぐに発見して処置してもらえたからよかったものの、いやしさ満開のビーちゃんは拾い食いも日常茶飯事やから、コンバットは全て撤去し、その他のリビングにあるビーちゃんの手の届きそうな食べ物も隠したり高い所に移動したりして完全防備した。ビーちゃんは、おとなしいゴールデンのバーディーと比べられて、あんた（僕）とビーちゃんはホンマに似てる、やんちゃコンビやと家内で風評されていた。

Zも売って、次の車にアメ車のSUVを選んだ僕は、初めて父親に車のローンの保証人を頼み込んだ。高額なこの車。分相応でないのはわかっていたけど、どうしても欲しかったから初めて親父に頭を下げて説得した。今までは中古車を買って3、4年で乗り換えてきたけど今度は新車で買って一生乗りますと。

確かにこの車はアメリカでは30万キロくらい平気で走っているから僕の話はまんざら嘘でもなかった。万一があったら即売することと最後まで絶対にローンを自分で完済するという約束をしてなんとか承認を得た。

それから注文してアメリカから船に乗って海を渡り、僕のところに来るその車を首を長くして4か月くらい待った。9月になってグランドチェロキーが納車された。室内が広いグラチェロ、これでビーちゃんといろんな所に行ける。

週1回のリハビリも終わり、僕の病院での治療は一旦終結した。事故をしたあの日からこの半年はほんまに長かった。セカンドオピニオンも念のため受けていた。その際、当初のレントゲン写真を見た院長先生は、僕にこう言った。「これはあなた奇跡に近いよ、ここまで快復してることが稀です」と。

あの時、主治医の今井先生が言った言葉を信じてよかった。先生ありがとう。改めて先生への感謝と尊敬の気持ちがこみあがってきた。転院は必要ない、私に任せてください治りますから。事故当時、めちゃくちゃに砕けた膝にもう歩けないと失望していた僕に、そう言ってくれた主治医の今井先生のその言葉は本当やった。

それから間もなく先生は渡米されたと聞いた。

あの日あの時に先生に出会っていなかったら僕はどうなっていたんやろう。そう考えると、このあたり前のように起こった全ての出来事は、ひとつひとつが奇跡的なことやったと振り返り思う。僕はほんまに運がいい。ご先祖様に感謝して、これからも親から授かったこの命を大切に、僕も誰かの役にたてるよう頑張っていこうと思った。

精算された事故の保険金と退院してから貯めたお金で、彼女の欲しがっていたスカイブルーのMINIを買って、プレゼントした。僕はやっとあの時の約束を果たした。

この年のChristmas Eveの日、夜更けから降り積もった雪が朝起きると30センチくらいになっていた。ビーちゃんは初めての雪に楽しそうにバルコニーを駆けまわり遊んでいたなぁ。仕事に行こうと玄関を出ると、お母さんが僕の新車に積もった雪を竹ボウキで落としてくれている。落としてくれて……。竹ボウキで!!!「やめろ！　車傷つくやんけ」と僕は発狂して止めた。「直ぐ出れるようにしてあげてんのに、何やのん」とお母さん。ご親切にありがとうございます。

そやけど竹ボウキはやめてください。朝からどっと疲れたのを覚えている。お母さんは、それからは竹ボウキは使わなくなったが、次からヤカンの熱湯をフロントガラスにかけてくれたりしとった。ワイパーとろけるんちゃうかと心配で、これも丁重にお断りした。

2人《ひとり》と一匹《いっぴき》の旅立ち

年が明けて、何が原因か忘れたけどお父さんに出て行けって言われた僕は、ペットOKの部屋を借りてビーちゃんを連れて実家を出ることにした。お母さんは、僕が借りた部屋が職場から近くなることを喜んでいた。まだ通勤中の事故の心配をしてくれていたから。

引っ越しの日、何やらメモを書きながら家のなかをウロウロしていたお母さんが、僕にその紙を手渡した。その紙の内容は僕が開けた複数の壁の穴や、その他ビーちゃんが付けたドアや床のキズの修理概算見積りやった。家を出る日に僕にかけてくれたお母さんの言葉は、その紙と一緒に手渡された「なおしてや」と言う言葉やった。ちょっと高いんちゃうかなと思ったけど了承した。そやけどそんな見送りの言葉あんのか。現実は甘くない。

僕が引っ越した先は2階建てのハイツの1階。2DKで小さな物干し場の庭が付いていた。ビーちゃんは今まで日当たりの良い広いバルコニーと広い庭もあった実家から、ここに引っ越して僕の仕事中は狭い庭でひとりでお留守番になってしまった。そのことを不憫に思った僕はビーちゃんに、ごめんな。絶対また広いお庭のついた家に一緒に住もうなって約束した。

このハイツはペットＯＫやったんやけど条件が小型犬ってことで、ビーちゃんを初めて見た大家さんがこの犬は小型犬か、と首を傾げて言ってた。その時僕は変な苦笑いの顔で小さく首を縦に振って誤魔化した。ビーグルは中型犬やけどビーちゃんはチビマッチョやから大丈夫やろうと不動産屋さんに交渉して、なんとか入居させてもらった。

僕は小さな庭に大きめの木製の犬小屋を買った。出入り口にはカーテンをつけた。それは寒い日の風除けと暑い日の日除けと、それに近所の子供達からの安眠妨害を避けるため。少しでもビーちゃんが留守番を快適に過ごせるように。

ビーちゃんのお庭の柵の前に、泥で作ったお団子が並べて置いてあることがあった。

どうやら僕の留守中に子供達がビーちゃんにお供えをしてくれているようだ。

実家を出て、ビーちゃんと僕の２人暮らしになったから前にも増して早く帰るようになっていた。配達の合間にもちょくちょく休憩に帰るようにしていた。

ある日、夜の配達を終わらせて帰り、駐車していると、暗闇をひとり歩く犬を見つけた。見覚えのあるシルエット。車の窓を開けてよく見るとビーちゃんにそっくり！　いやそっくりじゃなくてビーちゃん？　そんなはずない。柵があるから出られるはずがない。そう思いながら声をかけた。「ビーちゃん？」するとチラッとこっちを見て何食わぬ顔でクンクン臭いながら路端を歩いて行く姿はまさしく我が愛犬ビーちゃんやん。そやけど、どうやって出たのか？　不思議。

ビーちゃんを捕まえて部屋に帰ると暗闇の中の柵はそのまま異常無しで、部屋の電気を全部つけて外をよく見てみたら、柵越しに置かれているお隣さんの市販のゴミ袋が荒らされてゴミが散乱している。何で？　不思議に思った僕は、庭に下りて柵に近づいて見たらなんと、柵の下が掘られて隣までトンネルができている。これは何トンネルか？　仕事に行ってる間に抜け道トンネルを開通させていた。ビーちゃんの手が泥だらけやったのは、このトンネル工事をやっていたせいやったんやなぁ、と感心した。ここから抜け出してゴミを荒らし、おもてを呑気に散策しとったんや。僕は隣の新婚さんに謝って、大きな小屋を柵の前に置いて再発防止を図り、それから脱走は出来なくなった。ほんまにこの犬は食べることに貪欲や。

食べることといえば、事件はまだある。夏に玄関扉に靴を挟んで風通しをよくして用事をしてたんや。そしたら外から「ぎゃーーーーっ」という声がして、それからまだぎゃ～きゃーと叫ぶ声がしてる。なんかあったんかと表に出て叫び声のする方へ行くと、僕のハイツの向かいの平屋の家から、お婆ちゃんと子供の叫び声がする。僕は心配で失礼して裏庭から入って覗き見てみたら居間の大きな丸いお膳の周りを、お膳に手を掛け二本足で立ち、横に移動しながらくるくる回り歩いているビーちゃんを発見した。お膳の上には夕食の準備がされていて料理が並べられていた。

これを狙って回っていたのだ。いつの間にどこから参入したのか。この時僕は飼い主として、ほんまに恥ずかしかった。家に上がらせてもらって、くるくるお膳の周りを回っているビーちゃんを捕まえてむっちゃ謝って連れて帰った。お婆ちゃんや子供さんビックリしはったやろうな。ほんまに怪我がなくてよかった。

僕の部屋から少し歩いていくとなぎさ公園があって、湖岸沿いの道をいつものお散歩コースにしていた。たまに人が少ない時には砂浜をリード無しで駆け回らせていた。食いしん坊のビーちゃんは、だいたいおやつをあげると戻ってくるから、砂浜の散歩の時には必ずおやつを持参していた。

ある晴れた平日のこと。いつもみたいに砂浜でリードを放してやって一緒に駆けっこして遊んでいたら、僕が一休みしている間に猛ダッシュで遠くまで走っていくビーちゃん。大声で呼んでも止まってちょっと振り向きまた進む。いつものやつ。仕方ない、戻ってこおへんから追いかける僕。ずっと追いかけて湖岸の端っこまできたらブルーシートに覆われた小屋が集まった所に着いた。

どこにいるのか？　ビーちゃんを探していると、小屋から小屋へ小走りに渡って行くビーちゃんを発見した。その時小屋の中から大きな怒鳴り声がした。僕は恐々近寄ってそっと見てみると、小さな机の上に置いてあったおにぎりをビーちゃんが食べてる。「ビーちゃん！　あかん食べたら！」と言っている間にまた逃げて走り去る。そこはホームレスの住処で貴重な食料のおにぎりをビーちゃんが食べてしまった。僕はお詫びしてポケットに入れてた千円を払って許してもらって、また追いかけた。

200メートルほど先で釣りをしているおじさんに叱られているビーちゃんを見つけ、はよ捕まえなあかんと思い僕は走った。釣り餌の入ってるブルーのバケツに首を突っ込むビーちゃん。「これ！　これ！」と言ってるおじさん。やめないビーちゃん。「ビーーー」と大きな声で叫びながら僕が近づくとバケツから顔を出した。こっちを見たその顔は鯉の餌のぬかまみれで、そのまま逃げて走り去った。僕は釣りのおじさんに謝罪して鯉の餌を弁償しますと言ったが、おじさんは「要らんけど、はよ捕まえろ」と言って許してくれた。

次は何処へ？　次は砂浜から歩道に上がりベンチに座っている学生のカップルの前でお座りをしているのが見えた。今度は歩いてゆっくり近づいた。見てると学生さんたちはお菓子を広げてプチピクニックをしている様子。ビーちゃんはひたすらにお手とおかわりを繰り返しやっている。

あげたらあかん。という思いも虚しくおやつをもらうビーちゃん。学生さんに、「可愛いっ、いい子やね～、お利口やね～」と言われている。追いかけてヘトヘトの僕は、やつれた声で「すいません、捕まえてください」と言って捕まえてもらい、やっとの思いで身柄を確保した。もう叱る気力もなくリードをつけて、餌まみれで臭いビーちゃんの顔を公園の水道で洗ってからトボトボと家へ帰った。
どんだけ食い意地が張っているのか。無限や。

頭痛のタネの狸さん

29歳になった僕は職場の仲間と飲食店を経営し始めた。ビーちゃんはこの時8歳になっていた。1999年秋にオープンしたこのお店の名前は「サバス」。県庁近くでビジネス街やからランチと喫茶、昼はオフィスに弁当の配達もした。昼時はいつも満席で売上はまずまずやったけど、会社の昼休憩の時間に2回転するのがやっとで共同経営するには難しかったから僕はいち抜けしたけど、今でも楽しい思い出がいっぱい残っている。

オープンの日は祭りの日でかなり混み合い、途中でスプーンが足りなくなって自転車で近所のデパートまで買いに行ったり、準備不足と想定外の注文の多さに戸惑い、バタバタで途中、「もうあかん、もう閉めよ閉めよ」って言いながら営業したのを思い出すと今でも笑える。

次の年の祭りの日は店前で大量の焼き鳥を売り、完売するが、友達にちょっとあげたり自分達でちょっと食べたり、価格を安く設定し過ぎたりしていたことで祭りが終わってから計算したら焼き鳥の儲けは、たったの千円やったのを覚えている。まぁ今思えば、いい経験をしたと思う。飲食業の難しさ、お客様を集める、待つことのしんどさを身をもって味わった。そやから僕は飲食で成功してる人はすごいとほんまに思う。

ちょうどこの頃、親会社の社長から話があると呼ばれ、僕たちのお店で話を聞いた。話は支店の責任者になって欲しいということで、僭越ながら、お受けすることにした。

もともと自分勝手で人の世話など大の苦手の僕が、責任者になって胃の痛くなるようなこともあった。ちょうど僕と同じくらいに働き始めた狸さん。狸に似ているから狸さんと呼ぶことにする。この人は僕より歳もぐんと上で、いいオッサンなんやけど、よく問題を起こした。

タバコとコーヒーが大好きで、吸い終わる頃には次のタバコに火をつけている。仕事のズボンにはタバコで焦げて開いた穴が数カ所あった。僕たちよりも気は若く鈴木亜美の大ファンで、倉庫ではいつも大音量で彼女のヒット曲が狸さんの車から流れていた。荷下ろしの最中に、オッサンの口ずさむ「ビートゥギャザ～ビートゥギャザ〜♬♬」という小さな声がその風貌とかけ離れ過ぎていて妙に気持ち悪く笑えた。そやけど憎めない性格やからみんなにいじられて愛されていた。

この狸さんは悪気なくいろいろやらかしてくれる。一番たちの悪いやつ。事故も多いし、クレームもちょくちょくあるから元請けの社長からは目を付けられていた。呼ばれた新年会を無断で欠席したり、貸し出された制服を着なかったりで社長が怒って、クビになりかけた時があった。いや正しく言えばその時、一度はクビになった。

困って相談を受けた僕は狸さんに事情を聞くと新年会は会費が高いから行かなかった、制服は個人事業主だから強制されたくなかった、そういう理由があった。わからないでもないから元請けの社長の会社に狸さんと一緒に謝りに行って狸さんを僕のところで面倒を見ていいかとお伺いを立てたところ、渋々やけど了承を得られたので何とかクビがつながった。ホンマに大人気ないし、わがままなオッサンやけど、何故か放ってはおけない得な性格や。たまに遅刻してくる狸さんの遅刻の理由も変やった。

いくつか覚えている。一番疑問に思ったのは、女子マラソンに巻き込まれて遅れたってやつ。彼は1時間くらい通勤にかかる田舎に住んでいた。彼の住んでいるところの近辺では、その日マラソンなど無かった。確かに事業所のある市内ではマラソン大会が開催されるらしかったけど、通勤時間とは絶対にかぶらない。夢でも見ているのかと思うほどヘンテコなことを真顔で言う。みんなに嘘ばっかり言うたらあかんで！　と詰め寄られても「ホンマやて」と言い返す。僕はもう笑えて、理由など、どうでもよくなった。「とにかく遅れた分、はよ仕事しろ！」と世話をやいた。

そんな彼も新人が入ってきた時には先輩ぶって、若い、特に女の子にはよく世話をやこうとしている様子を見た。道路地図を出して道順を教えているが、こんな感じで「この道をどん詰まりまで行ってくるんと回ってピュッと斜めに」と極めてわかりにくい説明をする。「どん詰まりって何ですか？」と新人の子に道順ではなく言葉の意味の質問をされて、調子に乗って「どん詰まり知らんの？」と上から言っている。そんな様子を見て、僕はよくイラついていた。

お客様からの配達希望の業務連絡の電話にも出るのが遅かったり、繋がらなくて折り返しもないからよく注意した。「なんべん言うたらわかるん、早よ電話出てくれなあかんで、何してたん」と聞いた時、池に電話を落として乾かしてたと言うた時があった。

池？　何で池？　おかしいと思い「どこの池？」って聞くと、ごにゃごにゃ言うてごまかそうとするから、電話に出ないことと忙しいのもあって腹が立ち、「そもそも何で配達中に池にいるんや」と問い詰めると、やっと口から出た言葉は「ホンマは便器に落としたんや」と。何で初めっからそう言わんのか、とにかく何かとつまらない嘘をつく面倒臭いオッサンや。何度も事故をするから車も傷んで修理も多かったし、その分修理費用もかかった。

ある仕事終わりの夜に倉庫からみんなより少し前に、「お疲れ様」と言って帰っていった狸さん。間もなくドーーーンという車のぶつかるような大きな音が聞こえて、もしやと国道まで皆で走って見に行ったら、狸さんの車が道に横転している。びっくりして駆け寄ろうとしたその時、横転した車のドアが潜水艦みたいに上にパカッと開いたと思ったら、狸さんが笑顔でこっちを見てよじ登って出てきた。笑いごとやないのに、どっこも怪我なく無傷で。こいつは不死身や。幸い相手の方も怪我はなかったからよかったものの、車は廃車になった。

こんなこともあった。一度、代引きの集金の合計が合わなくて狸さんに問い詰めたら、集金袋の中から、タバコ代を借りたと言ったから、この時ばかりは、こっ酷く叱った。下向き加減で反省してるのかと思いきや、真剣に話している最中に部屋のどこからかワッハッハワッハッハ大きな笑い声が鳴り響いて、何や？　とキョロキョロしていたら狸さんが携帯を取り出して、すいませんと言い電源を切った。

笑い声は彼の携帯の着信音やった。クスッと半笑いでいたから僕は、この情況で反省する気もなくふざけた奴の顔を見て頭に血が上り、同席していた部下に「警察を呼べ！　泥棒を逮捕してもらう！」と大声で言って椅子を壁に投げて怒ったのを覚えている。

人様のお金に手を出すことは泥棒や。ひと時、借りておくつもりで代引きの集金袋からタバコ代を払うことが日常化してきている彼の悪事に、僕は危機を感じた。このままではエスカレートして取り返しのつかんことになると。そやけど当の本人は悪びれた様子もなく、返すつもりやったと主張していた。

後日、元請けの会社から指摘を受け、また同じことをやっていることが発覚した。僕があの時あれほど注意したのにやっぱり効いていなかった。彼はとても嫌がっていたが仕方なく保証人の彼のお姉さんに会社に一緒に来ていただき、説明した。タバコ代、ジュース代と集金したお客様のお金に手を出して、返金額が積り、狸さん自身でお金の管理が出来なくなっていることを。狸さんにそっくりな顔のお姉さんと並んで神妙な面持ちで座っているその姿が理不尽にも妙に可笑しかった。そやけど絶対に笑ろたらあかん、そう自分に言い聞かせていた。

お姉さんは、「社長、ほんまに迷惑をおかけしてすみません」と深々と頭を下げ謝罪した後、続けて怒り口調で「もう何回も事故を起こすたびに修理代を借りに来て困ってます、死ねばいいのに！」と横に座る狸さんを睨みつけて甲高い声で言った。この時ばかりは、いつもと異なり反省の色を見せた狸さんやった。

ビーちゃんはこの時も事務所に一緒にいてテーブルの下の僕の足下でお座りして静かに聞いていたからきっと僕の心労も伝わって心配してくれていたんやと思う。ビーちゃんは僕のことを労わるように足をずっとペロペロ舐めてくれていた。

狸さんは僕宛にミミズの這ったような誤字脱字満載の始末書を何度も書き直して提出した。これには始末書を見た顧問も呆れて笑っていたが、その始末書の自身の名前の頭には僕の会社名と責任者と添書きしてあり、いつから彼は僕の会社の責任者になったのか勘違いの理由を聞く必要があった。二度と同じ過ちを犯さないという誓約書は、保証人のお姉さんが同席のその場で書いてもらった。

狸さんはもともと食料品の運搬会社に社員として勤めていて、社会保険料を徴収されていたのにもかかわらず、保険加入されておらず、実際は社員雇用もされていなかったと僕にボヤいたことがある。その時は、なんて酷い会社なんやと僕も狸さんに同情して怒りを覚えたけれど、今思えば狸さんが本当に社員やったのかすらわかっていなかったんじゃないかとも思う。それくらい狸さんはいつも人の話を自分のいいように解釈し内容をしっかり確認しない人やから。ほんで怒って騙されたと言うんやから。どうもしゃーない。

宅配便は個人事業主が請け負うことも多い。実際に大手の運送会社においても宅配については、ほぼ外注委託をしていることが多いように思う。自分の担当エリアの荷物を積んで朝出発してから夜間配達が終わるまで一人でエリア内のお宅をひたすら配達に回る。支払いは歩合制で一個配達完了したら、いくらという契約やから不在の場合は0円。そやから不在が何件も連続して続くとかなりしんどい。実際やる気も失せてくる。

自分の担当エリアのお客さんの在宅時間を大体わかるようになるまでには数か月かかるけど、わかってきたら無駄に訪問しないから少しはいらん手間と経費が削減できるようになる。地図を読むことやお客さんの在宅時間を把握すること、それに時間帯指定を考えてうまく道順を組む。そんな配達能力も必要やけど管理能力はそれ以上に重要。

大切なお届け物と代金引換の集金のお金、個人情報の記した伝票やらを乗せて始業から終業までドライバー自身が車内で大切に保管する義務がある。親会社は、その個人ドライバーの管理教育を徹底する必要がある。そやけど委託契約を結べば、指揮命令はならず。全ては委託法と契約書に基づく。僕はそのことに大きな疑問と矛盾を感じた。実際に僕はエリアの大体の道順や伝票の取り扱いは2日ほど横に乗って教えてもらったけど、その他のことは特に教えてもらわなかった。

道路交通法は勿論のこと運送法、委託法、契約書の内容など、どれだけの個人事業主が理解して働いているのか？　狸さんは後に、契約違反で契約解除の通告を受けた。最初は財布を忘れて、一時的にタバコ代を立て替えてもらうつもりで軽く考え集金袋から出した数百円のお金。これは大問題で契約解除になったら彼は当たり前に職を失う。他にも自身の営業車両の管理、定期点検や日常点検、事故の保証で任意保険や車両保険の加入、税務署への事業登録や納税のための税金の勉強など、事業主としての色んなスキルを身につけることが必要だ。僕も車を分割支払で買って陸運支局の輸送課で営業ナンバーを取得した。

そこでは前に書いたような新規事業主に必要なことは教えてくれない。起業するにあたり自分自身で必要なそれぞれの部署へ足を運び調べて習得するしかない。僕には幸い身近に経営者の知り合いや、日頃お世話になってた社長がいたから、厚かましくも多忙のその人達に電話して教えてもらいに行けた。若い僕に親切に教えてくれていつも応援してくれたし、叱ってもくれた。

起業してから、ずっと何十年も仕事の相談は親でもなく友達や同僚でもなく、僕の親より年上の社長に聞いてもらっていた。何度も何度も、頭を打って、その度に叱咤激励、ご指導を受けて軌道修正をしながらこれまで進んでこられた。僕はほんまに幸せ者や。いつか必ず恩返しをしていくと決めていたから、ある時、口にしてその人に言ったことがある。僕も何かお返しができるように頑張りますと。返事は想像とは違った。

「私がしてることは私がしてもらったことやから、私に恩返しはいらない。お返しはまた他の人にしてあげや」と社長は言った。その言葉を今も覚えている。そしてそれは今も変わらない僕の日常の課題。

失恋

僕はあっという間に30歳を超えビーちゃんは11歳になってた。従業員も数名できて管理業務から事務仕事も増えた。仕事も少し軌道に乗りかけてきた時、僕は長年付き合った彼女にフラれた。

学生時代からモテモテで生きてきた僕が初めてフラれた。それは初めて味わう究極の寂しさやった。彼女が僕の部屋に置いていた自分の荷物を、あのスカイブルーのMINIの中にいっぱい詰め込んで出て行った日。息が白い冬の寒空の下、僕はビーちゃんと2人でなぎさ公園の芝生の上に寝っ転がり星がいっぱいの夜空を見上げて涙をポロポロ流していた。その時、通りがかりの人に大丈夫ですか？と上から顔を覗きこみ声をかけられたのを覚えている。今思えば笑える。

犬を連れてダウンのベンチコートを着た人が寒空に道端の芝生で寝てたらかなり変よな。きっとあの人は僕が倒れているのかと心配で親切に声をかけてくれたんやろう。一緒にいたビーちゃんもさぞかし寒かったやろうに。黙ってそばにいてくれた。自分でも予期せぬ事態に、あまりの大ダメージからビーちゃんと何日か実家に帰り、また親に世話になった。家族は何も言わずに僕を迎え入れてくれた。

毎日のように僕のところに来て一緒にご飯を食べ過ごしていた彼女が来なくなり、気付いたことは掃除以外の家事がほとんどできないこと。起業してから友達と遊ぶこともしなくなり、仕事の相談も彼女にしかしていなかった。

いつか桜が満開の公園に彼女のお母さんに呼ばれて彼女との結婚を考えて欲しいと言われたことがあった。裕福な彼女の家は、僕等の住むところやお金も準備してくれるようなことも言ってくれたけど僕は自分で家も建てる気だったし、それにはまだ早かった。長い間、いつもそばでわがままな僕を支えてくれた彼女と、実の息子のように可愛がってくださった彼女のご両親には感謝しかない。

それから僕は以前にも増して仕事に精を出し、はやばやと好きな娘も出来た。しかし、その時の彼女にはいろいろ事情があったから、それを受け止める器量も甲斐性もなかった僕は、今はまず仕事に専念すると心に決めて離れた。

起業、そして事務所開設

僕が32歳の冬。突然、親会社から僕たち下請業者に書面で通知が配られた。A4の用紙に書かれたその内容は事業所閉鎖による契約解除通知やった。どうやら前から宅配事業を撤退し他の運送事業に方向転換することは決まっていた様子やった。僕を含む10数名の社長たちは2か月後の閉鎖により、無くなる今後の仕事の心配をしてざわついた。

契約解除の通知があってから数日後、責任者をしていた僕は荷主会社の課長に呼ばれこう言われた。「お前が法人会社を作って、今まで通りやればいい」と。そんな気はさらさら無かったが、みんなを集めて話し合い、聞いてみた。

このままここで仕事がしたい人がどれくらいいるのか。答えはみんな今のまま仕事をしたい。そう口を揃えて言った。僕の従業員は狸さん以外、みんな若くまた他の所で再スタートも切れると思っていたが、他の業者さん達はそうでも無かった。やるしかないな。

そう思った僕は課長からの提案をみんなに打ち明けた。みんな喜び、僕との契約を望んだので、意を決して法人設立の準備にかかった。だけど僕には有限会社を作るのに必要な資本金300万がなかった。

実家の親に頼むのも嫌やし。頼んでもきっといつものように自分の甲斐性相応にと言われるに違いない。銀行で借りる準備をし始めたが、契約締結の日の期限が迫っていたので、間に合うのかと内心、心配していた。そんな時、可愛がっていた従業員の1人が僕も銀行でお金借りますから足しにしてくださいなんて言ってくれて、泣けるほど嬉しかった。

僕は気持ちだけ有り難くもらった。それから短期で資本金を借りることができ、司法書士と税理士を紹介してもらい、約1か月で有限会社を設立した。この時の司法書士さんは定年退職されて今は娘さんに事業を引き継がれ、知り合いに紹介していただいた税理士さんは15年間お世話になった。うちのサムライ業の先生方は、とても有能な真面目で厳しい女性たちで、いつも正しく判断し僕を導いてくださった。事務所にいるビーちゃんもすごく懐いていた。

この時から今もお世話になっている倉庫の大家さんの虎さん。当時親会社が使っていた倉庫は立地が良くて家賃が高かったので、別の倉庫を探した。この今の倉庫の前に使っていた、町の中心部から離れた倉庫の大家さんを訪ねてみたけど空きがなかった。この時、久しぶりに訪ねて行った僕の事情を聞いて、別の倉庫の大家さんを紹介してくれた。その人が虎さんだ。彼は見た感じ僕の親父より年上で、ポッチャリ色白、白髪で薄くなった頭に前歯が抜けてしまって、無い。そしてものすごい大きな声で忙しなく弾丸トークする人。

その変わったおじさんは、この辺りにたくさん自分の物件を持っている。虎さんは僕に直ぐに空いている倉庫を見に連れて行ってくれた。今の場所より、15分は離れるけれど「敷金、礼金なしの8万円でどや?」とその場で契約を結んだ。

それからは増車の度に駐車場のことや繁忙期の荷物増加に伴う臨時的な作業所などを格安で貸してくれたり僕の相談に直ぐに対応してくれ、助けてもらった。僕は毎月の家賃を手持ちで虎さんの所まで支払いに行ってた。虎さんは町の小さな金物屋を営んでいて、僕が訪ねていくと店先の椅子に座って買い物にきた近所のおばさんたちと、いつも喋っていた。僕が来るとサッと立ち上がり、「ちょっとええか? コーヒー飲みにいこか? 車乗せて」と言いながら返事も済んでない間に店先に停めてある僕の車の助手席のドアにもう手を伸ばしている。

急いで車に乗ると既に助手席に座った虎さんは「最近どうや、仕事増えてるか？従業員は今何人や？」などと近況を聞きながら、手の指先は進路方向を指示する。話を聞きながら質問に答えながら虎さんの指のさす方向を見ながら車を走らせる。これがなかなか忙しい。そうして5分ほどで到着する場所は公民館の中の喫茶店やマクドナルドやモスバーガー。安い珈琲を飲みながらまたここでも仕事の話を大きな声の早口で、歯が抜けているからかよく唾を飛ばしながら訊いてくる。

彼はハイキングが趣味で、付き合いのある銀行の支店長や不動産会社、証券会社の社長さんを僕に紹介してくれた。そしてそういう虎さんのお仲間が集まる食事会によく呼んでいただき、いつも皆さんの前で僕のことを自慢げに紹介してくれた。僕より目上の人ばかりで、それも偉い方ばかりで恐縮していた。決まって払いは1円までもきっちり割り勘やった。後に僕は彼から株や資産運用、お金の使い方を学ぶようになっていた。

僕は、ハイツから3階建ての4ＬＤＫの借家に引っ越し、看板も上げて1階を事務所にした。ビーちゃんといる時間も増え、ここでもまた庭は小さかったが自由に部屋から行き来できるようになってビーちゃんも快適に過ごしていた。ここに来てからリビングは2階になったが、お利口なビーちゃんはちゃんと1階の庭まで下りて用を足した。もちろんお留守番も部屋の中で、出来るようになった。が、帰宅するとキッチンの収納扉が開けられ、中の食えるものの殆どがビーちゃんにやられていて、恐ろしく散らかっている部屋を見て余計に疲れた。

即座に対策を取り、また幼児用の扉ストッパーを買って付けたけど、頭のいいビーちゃんは何度目かで攻略し、また食べ物を荒らしていた。一番驚いたのは米櫃の中の生米まで食べ散らかしていたこと。出かける時はテーブルや椅子で扉の前を塞ぎゴミ箱はトイレの中にしまって出るようにしてたけど。トイレのドアの壁は掻き削られ、見るも無残なことになっていた。

この家を出る時はきっと修理費が大変やと覚悟した。イタズラと食い気は全然落ちつかないが、ビーちゃんに若干の老を感じた僕は、ビーちゃんが12歳を迎えると同時期くらいに、タバサを迎えた。

タバサはビーちゃんと同じビーグル犬で愛らしい顔立ちをしている線の細い子。奥さまは魔女（アメリカのコメディドラマ／１９６４~７２年）の子役のタバサにキャラが似ているところからそう命名した。

ビーちゃんはまるでサマンサのように、タバサのお母さんぶって、よくオモチャを持ってタバサと遊んであげるようになって、そのうち母乳まで出てきた。母性本能が働いたんやな。その時は、びっくりして病院に連れていったけど、想像妊娠みたいなものだとお医者さんは言った。

ビーちゃんがちょうど10歳になった頃、散歩途中でお座りして歩かなくなった時があった。抱っこして連れ帰り、病院で診てもらったら子宮に膿が溜まる病気になっていて手術をした。本当ならもっと早くに避妊手術をしてやるべきやったのに、高齢になってから辛い思いをさせてしまって落ち込んだけど、こうして元気にタバサと遊ぶ姿を見ると、また若返ったビーちゃんを見て嬉しくて安心した。

僕がよく行ってた配達先のお宅に老犬のビーグルがいて、奥さんは、そのお顔がもう真っ白な大きめのビーグルを抱っこして玄関までハンコを持ってくる。「可愛いですね、僕の家にもビーグルがいます、おいくつですか?」と尋ねると「もう20歳になって最近は足が悪くなってしまって、こうして重いのに抱っこです」と微笑みながら話してくれた。そういえば少し前までは奥さんと一緒に玄関に出てきて足元にいたな。その子が20歳と聞いて僕は希望が湧いた。ビーちゃんもこの子みたいにまだまだ元気に過ごせるなと。なにせ僕との約束があるから長生きしてもらわないとあかん。

この時、僕のところの従業員は10人くらいになっていた。ひとりでこなしていた事務や車両の管理も任せられるようになり、僕は会社から車で1時間半ほど走ったところのあの娘のいる街に新しい事業所を開設した。

そこは冬になったら雪がどんと積もる北の地で、誰か知り合いがいるわけでもなく1からの立ち上げとなったが、人は上手く集まりなんとか春からスタートした。

彼女との再会

事業所開設が決まった当日、朝から打合せに荷主会社を訪れていた僕は、あのまま頑張って学校を辞めずにいたらこの春卒業するはずの、2年前に離れた彼女の学校の校門の前にいた。事業所からも直ぐ近くで景観も良いそこの無料駐車場に車を停めて車内で昼食をとっていた。

ふと校門の方を見ると、何名かの生徒らしき人達と歩いて校門をくぐる、あの時と何も変わらない彼女の姿を偶然にも見つけた。僕は咄嗟に車から降りて、駆け寄り、10メートルくらいまで距離が縮まったところで立ち止まり、大きな声で彼女の名前を呼んだ。すると彼女はチラッと振り向き、こっちを見た。僕が歩いて近づいて行くと、僕のいる逆方向に駆け出した。

僕は瞬間的に追いかけ、気が付けば校内まで入って彼女の腕を摑まえていた。怒り口調で何？　みたいなことを言われたことを薄ら憶えている。そらそうよな、あの時メールで、会いもせずに別れたままやったからまだ怒ってるんや。けど、そんな事情を説明することもなく僕は、こっちに事業所ができたからよくこっちに来ていることを伝えて、もう仕事に戻らなあかんからまた改めて連絡したいと電話番号を聞いたが、なかなかそう簡単には教えて貰えず、教室に行きたがる彼女の前に立ち塞がりしつこくねばった。

そしたら彼女が1回だけ言うから憶えられたらどうぞって言うと、かなりの早口で「○○○―○○○○―○○○○」と数字を並べた。聞いて直ぐ、じゃぁまたと言って車に戻った僕は、記憶した電話番号を直ぐに電話登録した。正しく合ってるかどうかもわからない番号。

そして仕事に戻った。夜、仕事帰りに試しに電話を掛けてみたら、ラッキーなことに彼女が電話に出た。一瞬の早口言葉のような番号をよく間違えずに聞き取れたもんだと自分でも感心した。その電話の内容は、昼間になぜ学校の外を歩いていたのかと、そんなことを聞いたような気がする。

当日は郊外で学習があり、終えて帰ってくるところを、偶然にも僕が発見したという奇遇なこと。彼女はあれから頑張って学校を辞めんと続け、この春卒業予定やった。出産のため1年休学して、子供達を育てる為に働きながら、定時制の学校に通い始めていたあの頃、当時1歳になったばかりの双子の女の子を連れて僕の住む狭いハイツに何度か来てくれていた。なぎさ公園をビーちゃんと、まだ歩き始めのその子達と一緒に散歩したのがつい最近のようだ。当時の僕にはあの双子の女の子を大事にできる自信も甲斐性もなかった。そんな格好の悪い自分が嫌やった。あの日からもう2年も経ち、僕の仕事も前よりは安定し始めていた。

充実の日々

そんな頃、知り合いの車屋さんの社長の紹介で入ってきた委託のドライバーが逮捕された。彼は荷物を盗み売っては換金を繰り返していた。僕よりうんと年上の、その大人しい性格のドライバーは普段の勤務態度もよく、当時の管理部長もその犯行に全く気付かなかった。僕もそのことを逮捕されるまで全く知る由もなかった。

ちょうどその頃、荷主の会社内でもチョクチョク物がなくなり、全社員のロッカー内の検査なども実施されていることを聞いていた。そんな矢先にうちのドライバーがまさかの犯行を犯していた。僕は監査室に呼び出され事情聴取を受けた。基本的にうちのドライバーが配達に持って出た荷物の入力は荷主側の従業員さんがしているから、当日に配達完了か不在持戻りかどちらかの入力がなされてないと、遅くとも翌日には紛失などわかる仕組みだったので正直驚いた。そやけど会社の代表として知らなかったでは済まされないし、管理責任が問われることは当然のことだった。

僕は、あの時のことを思い出した。親会社の社長から契約解除の通知が手渡され、みんな一緒に仕事がなくなるかも知れない危機があったこと。あれからまだ3年くらいしか経っていないのに。僕は言い訳も出来ずに、その場で床に頭をつけ土下座して謝罪した。

今でもハッキリと憶えている。

事件が発覚した夜、そのドライバーと奥さんがご夫婦で事務所に謝罪に来られて玄関先で土下座して謝られたこと。やめてくださいと、それ以外のかける言葉も見つからず、部屋にも上がってもらわずに帰ってもらった。土下座で済む問題じゃない。契約打ち切りになれば、あの時と同じように今度は僕がみんなを不安にさせることになる。

その後、契約打ち切りを懸念し、3年前のあの時に若輩者の僕にこの先を預けてくれたみんなの働き口がなくなることを恐れた僕は、かねてから付き合いのあった別の大手運送会社の委託会社の社長に相談に行った。

ベンツに乗ってる、見た目厳《いか》つ目のガタイの大きなその社長にことの顛末を話し、全員連れて鞍替えしたいとお願いした。僕の住む市のほとんどのエリアをこの社長の会社が請けている。

僕のところとは比べ物にならないほど実績があり車両台数も多い。全員この社長の下請けでもいい、とにかくみんなの生活を守らないと。そんな気持ちでお願いに行った僕に「わかった。ちょうどそのエリアは人手不足で困ってたんや。空けるから自分がそこやったらええ、荷主には紹介したげるから契約を急ぎや。慣れるまでうちが最初は協力するから頑張り」と思いがけずそう言ってくれた。僕は単純に嬉しかったけれど、この社長の器量の大きさ、僕にくれた大きなチャンス、感謝の気持ち、いろんな気持ちが入り混ざり、そのご厚情に一生の恩を感じた。

そして間もなく僕は全員を連れて鞍替えをした。この時も何ひとつ疑わずにひとりとして欠けることなく僕について来てくれた。当初環境が変わり慣れないこともあって帰りが夜中になる日が続いたけど、みんな文句ひとつ言わずに助け合って乗り切った。苦難は味わったけど、仲間の団結力と協力者の方々の有り難みが身にしみた。

その翌年34歳の僕は、岡山に事業所を出した。そのまた翌年には千葉に。九州にもふたつ。そうして僕は出張が多くなった。当時の僕は、知らない土地の知らない人達を雇用しその地で出会った人たちと一緒に事業所を立ち上げることがとても刺激的で楽しくて仕方なかった。どこに行っても年より若く見られる僕は、ほんとに出来るのかと懸念されることも少なくなかった。

スピードをつけて短期間で仕上げていくことはとても1日1日が充実し目標達成までの期間を楽しめた。中でもこれは前代未聞の出来事とクライアントを驚かせたことがあった。それは九州では初の仕事で業務スタートは契約決定から僅か10日後という、そんな案件募集が出た。通常なら見送るのが普通だ。だが、この手の案件には挑戦したくてしょうがなくなる変人の僕。

やると決めて社員に段取りを伝えビーちゃんとタバサ、双子のことを彼女に頼んで荷物をパンパンに詰め込んだリュックを背負い新幹線に飛び乗った。先に九州にひとり入った僕は、現地調査をしながら勝負の日を待った。僕の計画通り車3台の荷台に机や電話にＦＡＸ、とにかく事務所に必要な物は全て詰め込んで大阪港のフェリー乗り場に待機するようスタッフに指示した。

事業開始10日前。その日の午前中に契約を勝ち取った僕は、待機組に即フェリーに乗るよう指示を出し、翌朝、彼らは家具や事務用品一式を詰め込んだ車と一緒に門司港に到着した。予め会社で目をつけて連絡しておいた賃貸物件を、地元の不動産屋さんの社長に無理を言って3日ほどで掃除を終わらせてもらって即入居をさせてもらい、車に積んできたテーブルやらホワイトボード、照明器具などを設置しガスや電気、あとNTTの工事やらを終えて、ほぼ1日で事務所開設。

ここからはもう合宿生活。ひとつ屋根の下にみんなで寝泊まりした。求人も会社と連携し手はず通りに即募集をかけて、3日後から借りた事務所で面接を始め数名採用し、採用者の提出書類を集め、業務スタート3日前から随時、新人研修を始めた。

事情を説明し、新旧スタッフみんなで毎日毎日一緒に飯を食いながら話し合い、準備を進めていった。そんな毎日の中でその土地の環境や雇用した人たちの性格なんかが読みとれた。そやけどまぁみんなほんまに協力的でええ人ばっかりやった。コースの道順を覚えるのに横乗りをしていた僕は、その時通った大きな橋の上から筑後川を見て携帯のカメラで思わず写真を撮り会社に送った。

ミーティングの時に囲んだテーブルの上に換気扇の羽が突然飛んできてビックリした僕らは、こんなことあるんかとみんなで爆笑したのを覚えている。よほど古い物件やったのかなぁ。風呂もトイレも改装済みで3ＤＫ。和室がふたつあるから布団を敷いてそこで合宿生活をみんなと楽しんだ。ほぼほぼ当初の企みどうりに進んだが、細かなところで段取りが狂うこともあった。またそういうことも僕の挑戦心を弾ませる。

この条件でどうすればいいか？　計画したことをひとつずつ達成していく行程はとても緊張感があり毎日が面白くて仕方なかった。集まった現地スタッフは当たり前にみんな九州弁で、忙しい毎日にも言葉に温かみがあったせいか僕たちを和ませてくれた。

業者が入れ替わることを本当に懸念していたクライアント。元の業者は10日間、一切何も引き継ぎをせず、何ひとつ教えてくれなかった。その理由もわかるし想定内で、あてにはしていなかったが、クライアントに了解を得て道順を確認するのに後ろを走らせてくださいとお願いしたのに、すばしっこく撒かれることが多くあった。

ほんまに不親切だったが仕方ない。突然やってきたよそ者に仕事を取られたと思われても当たり前や。請負った限りは前者より絶対にクオリティを上げると決めていた。

前任の会社は鉄道も走らせる地元大手で30年もこの仕事を請け負っていたそうで、その分クライアントとの信頼関係もさぞかし強かったんやろう。その半面、要らぬ癒着もあり、馴れ合いから古い体質の改善がしにくい状況でもあったと後に聞いた。

事業開始日の6月1日、僕たちはおかげ様で、本社と現地スタッフの素晴らしいチームワークにより、良いスタートが切れた。

忘れもしないその日の朝。やり遂げた清々しい気持ちでクライアントにご挨拶し初日の朝礼でスタッフみんなにお礼と感謝の気持ちを伝え、出発を見送った。何も無いところから人が集まり、同じ目標を持って一心に進めてきた数日間を経て迎えることが出来たこの日。みんなの力の集大成だ。僕は感無量だった。

スタートから10日ほどして注文していた新車が続々と届き、持ってきた中古車は1台を残し引き上げた。この立ち上げに関わった全員が素晴らしい結果を生んだ。本社スタッフも初めての経験の中でリーダーシップを発揮して皆を上手く導いた。細かな失敗や、やり直しもあったけど、それもやってみて間違いを見つけ修正しながら進めた、そんな人間らしさがあった。

スタッフ全員が得たものは、ノウハウやスキル以外の人として大切なもの。僕にとってもこれもまたとても貴重な経験になった。こうしてまた新幹線に乗ってビーちゃん達の待つ家へと、みんなに明太子をいっぱい買って帰った。

うちは3人家族です

話は少し戻るが、彼女が学校を卒業する春。僕の新しい事業所がスタートして僕は彼女の住むアパートにちょくちょく立ち寄るようになっていた。子供達は3歳も過ぎ保育園に通っていた。

そんなある日のこと、ピンポーンとチャイムが鳴って玄関先で彼女が何やら話している。どうやら最近引っ越してきたお向かいさんがご夫婦揃って挨拶に来た様子。僕のいる奥の部屋まで話し声が聞こえてくる。お向かいのご夫婦は、「子供2人で4人家族です。宜しくお願いします」とか言ってた。

そのあと彼女が言った言葉に僕は反応した。「うちは私と保育園に通う子供たち2人の3人家族です」とはっきり言った。え？　僕は？　家族じゃないよな。そう僕は家族じゃない。だからお向かいさんに紹介する必要もない。合ってる。そやけどなんか自分の中で違う気がした。僕よりひと回りも年下の彼女は、近くの工場の作業所でパートをして子供2人を養っている。

その時、初めて彼女に母子家庭の立派な母親像を見て、自分がなんか中途半端に思えた。彼女のアパートに行く時は、夕食に寿司を買って行ったり、子供たちも一緒に外に飯を食べに行ったりすることもあったけど、冷蔵庫にあるものでパパッと作る彼女の家庭料理を子供たちと並んでご馳走になることも少なくなかった。僕は急に自分が恥ずかしくなった。

その日から1年も経たないうちに僕の家に3人を呼び寄せ、ビーちゃんとタバサとも仲良くなって一緒に暮らすようになった。子供たちは歩いて10分くらいの新設の保育園に入れてもらえたから、ビータバと一緒に散歩しながら、よくお迎えに行った。実はこの保育園に入園するのにちょっと大変やった。引っ越してきて子供を預けて働く。この手順が通らなかったから。市役所で勤務証明がないと保育園に入れないと言われて、僕は「市外から引っ越してきてまず子供を預かってもらえないと働けないいんじゃないですか？」と少し大きな声で噛み付いた。

役所の担当者は、「決まりですから」の一点張りで納得のいかない僕は、上席の人に別室に通されて、話した。結論から言うと、働く予定のある会社の証明書を提出することで申請を受け付けてもらい、予定通りに入社する前には保育園の入園が叶った。

　そやけど、やっぱり母子家庭の人が働くために子供を預けることが先に決まらないと就職活動さえ普通ならきちんと出来ないと思う。おかしなルールやと思う。僕の彼女はたまたま僕が自営業で事務のパートに空きがあったからよかったけど、一般的にはよほど会社側の理解と協力がなければ難しいことやと思う。

　いつもの散歩の時に子供がリードを持ちたがるから、僕はリードの持ち方をやって見せてしっかりと説明し、引っ張られても決してリードを放さないようにと教えた。「チビ、よく聞きや。もし、紐を放して走っていって車に撥ねられたりしたらこの子は死んでしまうんやで。そやからお散歩の時は絶対にこの紐を放したらあかん。出来るか？　守れるか？」と問いかけたら幼い娘は真剣な面持ちで「出来る。守れる」と言うから、信用してリードを持たせていた。

　ある日の散歩の時のこと、公園を散歩中の犬が前からやってきて、犬を見たタバサが勢いよく前に出ようとグッと引っ張った。その時チビは転んでしまって、そのままずるずると引きずられてもリードを放すことなくしっかりと両手で握っていた。僕が駆け寄って起こしてみたら、引きずられて膝を擦りむき血が出ていた。僕はチビを抱き起こして、思いきり褒めた。「よくやったな、放さなかったな。偉いな」と頭を撫でながら言った。

僕が教えたことをちゃんと理解し、約束を守れた子供を誇らしくも思った。このリードは命綱。放して跳び出したら車に轢かれ死んでしまうかも知れない。危ないから。約束が守れるなら持たせてあげよう。そう言った僕との約束を守った。赤ちゃんやったのに保育園に行っていつの間にかこんなに立派に成長していることが感じられ、その時、ほんまに嬉しかった。

子供たちはビーちゃんとタバサが大好きで、いつもお世話をしてくれた。タバサはいつもビーちゃんの後をついてまわり、寝る時も近くでくっ付いて寝て、ほんとの親子みたいに仲良しで、そんな姿を見る度、みんな癒やされていた。タバサは妹気質の甘えん坊でひとりでお留守番させた時にはご近所さんから鳴き声が止まなくて煩《うるさ》かったと苦情が来たこともあった。

タバサはちょうど僕が法人を設立した年の２００３年３月７日生まれ。その年の６月に我が家にタバサを迎えた。ペットショップで偶然見かけて、後ろ向いたまま首だけで振り返るその姿が面白くて、その表情がとても可愛くてお家に連れて帰った。ビーちゃんは初めて見る仔犬に興味津々でクンクン臭っていたな。それから2人はすぐに仲良くなってた。

2005年子供達も年長さんになり僕は家を建てるための準備を始めた。ビーちゃんはこの時13歳。家を建てるんやったら土地は3年くらい前から探しといた方がええと誰かから聞いて、新聞折り込みの不動産情報を見たり、車に乗ってる仕事中も気にかけながらいつも土地を見ていた。

広めの土地を探していた僕は、ある時山の上の80坪ほどの土地を見つけてその場所の前に車を停めて、直ぐに不動産会社の立看板に書かれた番号に電話した。この辺りは自然がいっぱいで環境も良く、角地で庭も広く取れそうやから価格が合えば買うつもりで。その場でたった5分間の電話交渉の末、その土地は約500万値下げされ、僕は即、彼女に電話した。

「今な、いい広い土地を見つけてな、早速電話したら僕の値切り交渉の額を飲んでくれはったから買うわ」彼女の返事は、「そうなん。わかった」とこの程度のもんやった気がする。こうして土地の購入を決めた。

それにより子供達の小学校も今住む地域と違う学区の小学校に行くことになっ

た。少子化の今の時代、うちの子供たち２人が入学するか否かでクラスの数が変わると聞いていたから、早く家を建てて引っ越さんとあかんかった。

それから大手の工務店や地元の建築会社の何社かに仮設計の提案をお願いし図面を見たけど、どれも気に入らず、結局工務店とは別で知人の設計士にお願いをして、やっとこれや！　という図面が届きそれを採用した。やっぱり設計は一番大事や。広げてみてはここに何を置いて、この部屋を子供たちに、庭は家の周りを走り回れるように、などなど仕上がりを思い浮かべて想像で夢が広がった。

そんな僕たちに家の完成図の模型を設計士さんがくれはったから、その日から我が家の宝物になった。現場監督と大工さん以外は、ほぼ僕の知り合いの職人さんを直接入れてもらったことでかなりのコストダウンができた。

僕は土地の購入を決めた翌日、ビーちゃんと車に乗って一緒にその場所に行った。その地を２人で踏んでビーちゃんに「ここにお家を建てるけどどうや？」って聞いてたら、ビーちゃんはマーキングするようにその場にオシッコした。

その姿を見て、ここでビーちゃんもオッケーやと僕は解釈した。やっと念願やった実家と同じくらいの庭がある家を建てる計画までが出来上がった。僕は家が建つのが嬉しくて楽しみでしかたなかったから、もらった家の模型を舐め回すように毎日見ていた。

本当の職場の厳しさって

僕はあの事件があってから、従業員の委託契約を雇用契約に変えて、関東にも次々に進出していった。関東は九州や関西と違って、何か全てが無機質で事務的に感じた。やはり人が多くいるところは、条件やルールが厳密化されている。付き合いもみんなおいでっていうオープンな感じじゃない。それぞれに主義主張もしっかりとしてくる。そやから統制をとるのに多少手こずったし、クライアントのうちへの風当たりも当面の間はきつかった。

同じ日本の国内なのにこんなにも人の性質が違うものかと思い知らされた。甘くはなかった。まだ実績の少ない若い会社の田舎者の社長の僕のことなど頭っから見下していた。だけど僕は思っていた。どこに行っても、自分たちが納得できる上質のサービスが提供出来ればいいと。

僕は従業員の自分勝手なわがままは聞かない。たとえ多数でかかってきてもそのような横暴には決して屈しない。

関東にきて僕は今までの規則やルールの見直しを、みんなの意見を聞きながら実行した。いつも困った時僕には有力な協力者が現れて応援してくれたし、僕と一緒に考えアドバイスして解決するまで付き合ってくれる人たちがいてくれた。やっぱり人は優しいし親切だ。管理職と現場の人たちの間に溝を作ってはいけない。

皆同じ方を向いて協力していくのが自然。この会社で担ったそれぞれの役割をもって皆社会のために貢献しているのやから。報酬はサービスの量と比例する。そう松下幸之助の本で読んだ。その通り、貢献度に応じて適正な報酬を頂き、またそれを配給することが大切だ。行く道に壁が立ち塞がることは少なくなかったけど、いつの時も人の助けを借りて乗り越えてこられた。

13歳まで英才教育を受け周りより進んだ知識を持ち、スポーツも生まれつき万能であった。そんな僕は、中学校の授業がとても遅れて感じた。学習塾ではもう随分前に進んでいるのに、学校ではまたみんなとスピードを合わせて追いついてくるのを待つことが退屈に思えるようになっていた。

特に学校の授業を受けなくてもテストの点数はいつもパーフェクトに近く取れたし、部活動にしても実力より年功序列や練習態度で顧問がレギュラー選手を決めることに疑問を感じた僕は、面白くなくて興味を無くし、だんだんとみんなと同じ道を外れていった。僕自身は外したと思ってはなかったが実際は外れていた。制服も着ないでお洒落をしてみたりタバコを吸ってみたり、バイクや車に乗ってみたり無線クラブに入ってみたりバイトをしてみたり、大人が行く場所で遊んでみたり、本来ならもう何年か後にやるはずの興味のあることをどんどん先にやってみた結果、中学校の卒業時にはひどい内申書が仕上がっていた。

そのことを親や親類はえらく嘆いていた。猛反対されながらも定時制にとりあえず入学して、昼働き夜学んでいた時に勤めた職場の数は30以上。床に落としてしまったハンバーグをサッと拾って、お湯で洗って電子レンジでチンしてソースをかけてお客に持っていく和食屋の女将。上司の隙をみつけては、仕事中に何度もタバコを吸いに行くカー用品ショップの店長。アルバイトの女子高生の手相ばかり見ている社長。

そんな人たちを見ては辞めていた。そんな時、友達の親が経営する建築会社でバイトすることになった。僕の親よりも年上の常務にこき使われながら、働いた。僕の仕事は朝5時起きの現場手伝いにトイレや事務所の掃除、領収書の整理に仕訳、食事の準備や買い出しなどの雑用。そのうち、鞄持ちに昇格した僕は、毎日常務のあとを鞄を持って1日中ついて回った。

車の免許を取ってからは高速道路を使っての遠方へのお使いも頼まれるようになった。僕の初めて買った中古車のクラウンは、この仕事をしている時に注文して、1週間程度で社長の友達の車屋さんが仕事中に事務所に納車してくれた。その頃の給料は、ほとんど車のローンで消えて無くなり、ガソリンスタンドで「ガソリン500円分」なんて給料日前になると、よく言ってた。今思えば、ほんまに恥ずかしいことや。あの後輪のタイヤが取れる事件までは大切に快適に乗っていた。

ここで働かせてもらって学んだことは当時の僕に大きな心境の変化を与えてくれた。大人としての振る舞いや言葉遣い、行儀・礼儀、段取りの大切さなど毎日の常務や社長の話や行動から学んだ。

常務は、珈琲は自分の好きな美味しいと思うものを選びブラックで飲む。お茶の入れ方や飲み方、TPOに合わせて飲むお茶も変えていたが中でも鉄観音を好んで飲んでいた。そのお茶の生産地やどこがどういいのかの説明もしてくれた。

時間の使い方が上手く、絶対に人を待たせない気の利いた粋な計らいをする人で、いつも無駄のないとてもスマートな動きをする。その手伝いをする僕まで気持ち良くなる。ほんまに、この人といると自分までもがスマートでカッコよくなった気分になれた。

これまで過ごしてきた一日とは違い、日々充実感を味わえるようになっていた。着るものもお洒落で、持つ物にも拘りがあった。自分が使いやすく良い物を選び大切に長く使う。古くなっても味が出てまたそれも格好良かった。常務が使っていたＳＡＺＡＢＹのトルコブルーの革の手帳ケースは使い込まれてほんまに渋い色気があった。僕もあんな誰も持ってない自分だけの特別なものを持って使えるようになりたい。こんなカッコいい大人になりたいと、初めて大人に憧れた。

それまで学生気分でアルバイトを転々としていた僕は、職場の大人の言葉と矛盾した行動や、不真面目で卑怯なところを見るたびに、大人になりたくないと思っていた。とても自分はそんな風になれないと、なりたくないという純粋な思いから自分の未来の居場所が見えなかった。常務はそんな僕に信頼をおいて仕事を任せてくれたし、もらった自分の仕事に責任を持つことも教えてくれた。真面目に一生懸命働いて稼ぐ給料の重さ、もらったお金を何にどう使うのか考えるようになった。

ここで本当の大人の職場の厳しさを教わった。当時その場所が僕にはすごく居心地良く、上司の言うことを素直に聞けた。

僕の仕事はというと

この頃は管理業務が主になり現場で配達に行くことも減っていた。ひとりで車を借りて配達を始めた頃、僕のエリアでよく荷物を届けた一人暮らしのお婆ちゃんのことを思い出す。「あんたジャニーズに似てるなぁ」と言っていつもお菓子を持たせてくれる。夏には冷たいお茶を用意してくれたり、千円渡してくれたりしたこともあった。

お小遣いは流石に断ったけれど、ただ配達に来るだけの僕にほんまに良くしてくれた。今でもそのお宅は覚えている。古い町家のその家は、表に小さなブザーボタンが付いていていて、それを押すとビーーーッとなるが離すと鳴り止む、そんなやつ。お婆ちゃんは、だいたい玄関に座ってはるから返事は早い。「お荷物です」って声をかけながら格子戸をガラガラッと開けると直ぐに「ちょっと休憩していき、お茶のんで美味しいチョコレートお土産にもらったから食べていき」とまるで待っていたかのように準備して、忙しい僕に言ってくれる。

配達はリズムがあって、在宅が続き配達の荷物がどんどん車の荷台から減っていくと気持ちいい。その半面、不在が続くと全部無駄足になった気がして気分が沈む。時には時間指定に追われて先を急ぐこともあって、お婆ちゃんとちょっとも話ができないこともあった夏、冬の繁忙期。そのお婆ちゃんが元気を無くしていた時期があった。

聞くと仲良しのお友達が亡くなったとか、かなり寂しそうに落ち込んでいた。お婆ちゃんがいつも広い土間のある玄関で並んで座り、一緒にお茶を飲んで楽しそうに話していたお友達やったから僕も知っている。「このお兄ちゃん若いのによお頑張ってはるから、外国の息子からお土産届いたらお兄ちゃんに食べてもらってるねん、私ひとりで食べきれへんから」とそのお友達に配達にきた僕のことを紹介してくれた。

僕はその時、落ち込んでるお婆ちゃんにかける言葉も上手く見つけられずにいたけど、配達に行けば僕から話しかけるようにしていた。少し話して印鑑をもらいお宅から出る時には、「ありがとう、車気をつけて」と言ってくれる細い声から、お婆ちゃんの寂しさが背中に伝わってきた。

結局僕はジャニーズの誰に似ているのか今も謎のままやけど。あのお婆ちゃんはおそらくもうお友達のところに逝って、また仲良くお茶を飲んではるんかな。あの頃はお客さんと直接話せて楽しかったな。

ラストワンマイル

最後にお客様に手から手にお届けするサービスを担う者。これがアンカーとして一番大切な役割だと今も変わらず伝えている。宅配をしているといろんな家族関係を垣間見る。

そのお宅はご主人から、留守の時は裏のお勝手口の前の棚に置き配してくれと頼まれていたので、その通りに置いておいた。

そしたらそのことが大クレームになったことがあった。上司と謝りにお宅を訪問した際、奥さんが出てきてなぜ勝手にそんなことをするのかと叱られた。僕は戸惑ったけど、上司にも来る途中に言うた通りに奥さんにも、ご主人にそう頼まれたことを説明した。奥の部屋から出てきたご主人は、「そう言えばそんなことを言ったような」ととぼけたことを言って奥さんは怒りの矛先をご主人に向けた。僕は言ってはいけないことを言ってしまったのかと、ご主人の顔を真っ直ぐ見れずに上司の横に突っ立っていた。

結果、留守の際はご主人宛の荷物は勝手口前に置く、その他の御家族の分は不在通知を投函する。そう改めて確認した。家族内でもそういう異なる指示があるからよくよく確認する必要がある。親戚もそうだ。隣同士で住んでいる親子。息子さんの家にリンゴやみかんなどがよく届き、玄関で呼んでいると隣からお母さんが出てきて「今留守で、夕方お嫁さんが帰るから預かって渡しておきますよ」と言ってくれるから、有り難いと毎度渡していたら何度目かにクレームが入った。お嫁さんから渡さないで欲しいと言ってこられたと受付担当者から連絡をもらい、僕はすみませんでしたと謝った。仲悪いのかな、お母さんいい人そうやのに。クレーム受付の人に後から聞いた話やけど嫁はリンゴやら貰い物を分けるのが嫌らしい。なんやケチか？　よくわからないが、なんかややこしい関係や。あとPC部品てやつ。これはちょっと笑えることやった。

配達に行く時、代引きは必ず事前連絡をする。電話口に出るのは、注文した本人と限らず、不在の場合はご家族の場合もある。電話に奥さんが出て「聞いてないけれど、とりあえず持って来てください」。この時点でなんか嫌な予感がする。配達に行くと奥さんが待っていて「旦那に送ってきた代引きのPC部品なんやけど支払いをする前に中を見ていいか」と聞かれる。これはダメだ。「ご主人のお荷物なんで」と断るが中を確認しないと支払いをしないと。

こういうことがこのPC部品と書かれた荷物によくあった。後日わかったことだが中身はAVビデオらしいと他の配達員から聞き、それ以降、本当の中身を知ってしまってからは奥さんが出てくると僕もなんか気まずかった。

このPC部品は何故か返品も多く、回収しにお宅に伺うと大抵のご主人はこう言ってた。「タイトルと内容がまったく違って騙された、これは詐欺や」「ホンマですかぁ。悪い人がいるんやねぇ」と言いながら僕が返品処理をしている間もまだご主人は「タイトルはバックからや。ほんで、ただひたすらトラックがバックで走って倉庫に入る映像が何回も映ってるんやで」と少し興奮気味に話し続ける。

ご主人はこの時騙された悔しさを僕と分かち合いたかったのかもしれんけど「ほぉ」と真剣な顔して聞いてるつもりやったけど実際は、僕自身その時どんな顔になっていたかは自分でもわからん。かなり笑えたから。ご主人の期待していたほんまの映像がどういうもんか直ぐにわかったから。まぁ僕の顔は、ちょっと笑ろてたかもしれん。

これは数日後職場でも大きく問題視され、配達員に注意文書が配られた。このような荷物は要注意とカラーの写真付で解説付き。でも、いったいどう注意したらいいのかわからんかった。騙されないようにとか言ってる人もいたけどそもそも騙しているのか？　確かにタイトルどおりにバックからやと思うけど笑笑。

あとこんなんもよくあった。奥さんが旦那に内緒で買う高級品。主にバッグや宝飾品。奥さん方は旦那と違ってちょっと賢い。必ず指定は旦那のいない昼間にしている。さらにこの荷物が来た時は電話してから、勝手口の方に持ってきてと細かい指示があった。

絶対にバレないように用意周到で待っている。奥さんは、お金もお釣りのないようキチンと封筒に入れて準備してくれているから手間もかからず素早く対応できて助かる。受け取る時のその顔は、ものすごい嬉しそうな顔をして、僕に「旦那に内緒やから」ってぽそっと言い「いつもありがとうね」と満面の笑み。そしてそそくさと家に入っていく。ビデオとえらい違い、やり口がスマートやと感心した。

配達してるといろんなことに遭遇した。これはほんまに怖かった。ある朝の配達の時、軽自動車が一台何とか通れる住宅街に入りゆっくりと車を走らせていると、道の真ん中に何かが落ちている。遠目で見ると、なんかまあるい、ちょっと大きな物。近づいてみると人や。なんで？　むっちゃ怖い。人が路端で正座をして丸まっている。え？　なんでなん？　奇妙や。怖すぎる。車を止めて歩いて恐る恐るもっと近づいて見ると、小さなお婆ちゃんが下向きで頭を地面につけてピクリとも動かない。

「お婆ちゃん大丈夫？」と声をかけるが返事が無い。触っていいのかもわからんかったけどとにかく起こしてあげようと僕も地面に顔をつけて覗き込んだ。お婆ちゃんの額は地面にピタリとくっ付き表情が見られない。肩をかかえ起こして見ると顔面血だらけでもう怖すぎてビックリして声も出なかった。映画でも怖いのは苦手な僕は驚きのあまりいっぺん抱き起こした手を離した。またゆっくり前に倒れていくお婆ちゃんの肩を勇気を出して抱え、とりあえず上向きに寝かせて「お婆ちゃん救急車呼ぼうな」と言うと、お婆ちゃんが「お父さんが来るからいいです」と細い声でやっと喋った。

近所のお宅のチャイムを鳴らし、出てきてくれたおばさんと2人でお婆ちゃんの顔を拭いて、やっぱり救急車を呼ぼうとお婆ちゃんを説得していると向こうのほうからゆっくりと自転車を漕ぎながらおじいさんがこっちにやって来て、キキキーとブレーキをかけて止まったかと思ったら、お婆ちゃんを見ていきなり大きな声で「何してるんや！」と怒鳴った。え？　何で怒るん？　僕らは訳がわからず黙って会話を聞いていると「何でちゃんとつかまっとらんのや」とまた怒鳴るおじいさん。どうやらお婆ちゃんは、この自転車の背後に乗っていたらしい。

お婆ちゃんを落としたことに気付かず、だいぶ先まで行ってからお婆ちゃんがいないことに気付きこうして探しに戻って来たのだ。この何分かの捜索中の道中の心配から、この怒鳴り声になったんやとやっと察しがついた。

お婆ちゃん軽いから落ちたんわからんかったんかな？　いや普通わかるやろ。と僕は心の中で思っていた。それからお婆ちゃんは立ち上がり、僕は近所のおばちゃんに後をお任せして配達に戻った。たった30分ほどの出来事やったけど僕にはかなり衝撃的な朝になった。

双子は5歳になりました

この年、僕の新居の工事が始まった。子供たちは、保育園の卒園式を終え、住んでいた借家から離れた小学校に新築が完成するまでの間の約半年、送迎し通うことになった。それまで通った保育園は新設されたばかりで、子供たちは卒業第1期生。施設ビルの中にあったので運動場はなく、お散歩は浜辺の公園に歩いて行く。年長さんの時、初めてのお泊まりキャンプがその公園であって、ビーちゃんとタバサを連れて散歩を装い、心配で視察に行ったことがある。

運動会も体育館の中。年長さんになって障害物競争が加わった年の運動会にはいつも通り彼女のお母さんと、僕のお母さんと、僕たちとみんなで見に行っていた。ビデオカメラを回していると最後の鉄棒で逆上がりが出来ずに何度も何度もトライするうちのお姉ちゃん。もう競争ではなくなって、ひたすら床を蹴って足を天井に向けて上げては失敗する姿を、僕はビデオのレンズを覗きながら心の中で祈るように見守っていた。

他のご家族の皆さんも黙ってその様子を見守ってくれていた。「頑張って〜、頑張って」とうちのお母さんたちが声をかける中、先生が見かねて駆け寄りお尻をあげる手助けが入って何度目かでやっと逆上がりができて、みんなが見守る中ひとり最後まで走ってゴールした。その瞬間大きな拍手が湧き起こった。その時のみんなの拍手がとても温かく、僕は強く感動した。

お姉ちゃん、あんなに大勢の人が見ている中で泣いたり、諦めたりせずに、ひとりで出来るまでよく頑張った。偉いぞ。出来ない人を置いていってはいけない。出来るまで応援し見守っていてやれば、きっと出来るんや。人はそうして成長するんや。

目的を即行で果たすために、必要なもの以外に興味がなく努力など無駄ですらあると思っていた僕にこの時、今までにはなかった感情が湧いた。

初めて出会った時にはまだ立って歩けなかったのに、あっという間に保育園も卒園し春から小学生になる２人。５歳の誕生日。僕はみんなを連れて別の親会社に移籍したばかりで、毎晩帰りも遅く、翌日に5のローソクの立った誕生日ケーキを３人で囲み撮った写真を見せられて、すっかり子供たちの誕生日を忘れてしまっていたことを悔やんだ。今まで一度も忘れたことなどなかったのに。

カエルの子はカエルか

春になり家の基礎が出来てきた頃、毎朝子供たちを学校まで送った。毎日ビーちゃんも付き合ってくれて、2人で学校近くの建築中の家を見に行くことが日課になっていた。日に日に進む工事を見るのが楽しみで、いつも職人さんに差し入れのコーヒーを持って行き、僕たちはみんなの輪に入って朝礼をしていた。「今日も怪我のないようにお願いします」なんて言ってた。笑笑。

夏になってお寺の御住職に来てもらって棟上げの行事が執り行われた。その時もビーちゃんも参加し記念写真を撮って一緒にお祝いした。柱の1本1本に僕の名前が焼印されていて、すごく感激した。子供たちの部屋はそれまで一部屋を2人で使っていたけれど、相談の結果、子供たちの意向で1人一部屋となり、それぞれ自分の部屋ができた。設計はほとんど僕が決めたけれど、キッチンとリビングは彼女の要望に応えた。

その結果、我が家で一番高くついたものは彼女の選んだイタリア製のキッチンセットとなった。この家を建てるために、僕は貯金を全て叩いてローンの頭金にした。この時すでに、あの時買った愛車のグラチェロは12歳。ローンはとっくに払い終わり、お父さんとの約束も果たして、こつこつと貯金していたお金がすっからかんになった。

そやけど前とは違いローンを返すために続けた仕事が少し安定してたおかげで、また貯めたらええわと思えた。グラチェロはまだまだ元気に走ってる。休みの日には変わらずビータバを連れてグラチェロに乗って、いろんな所に出掛けるのが楽しみやった。

僕が12年前にこの車を買うために銀行ローンの保証人をお父さんに頼んだ時、いつもなら甲斐性相応にと言われて断られるのに、何故かあの時は許しが出た。僕の説得力が勝ったのか、何かの気変わりか理由は解らんかったけど僕を信頼してくれたんやと勝手に思い、嬉しかった。実際はちょっと違ったみたいやけど。

僕は、身のまわりのもの、学習に要るものは子供の頃から全て買い与えてもらっていたが、おもちゃなんかの不要なものは買ってもらえなかった。みんな持ってるからと言っても、よそはよそ、といつもそうお母さんに返された。

そやから家に、もちろんゲームはない。TV番組も、アホになるから観たらあかんというものがいくつかあった。漫画の本はなく百科事典に伝記、歴史の本、あと松下幸之助の本をお母さんからええこと書いてるから読んでみと、小学生の時から自然と好んで読んでいた。幼稚園の時に初めて自分で選んで買ってもらった本は地球の本やった。どうやって地球ができたのか、自分はどういう生き物でいつ死ぬのか、そんなことに興味をもって調べていたら怖くなって寝られなくなったことを覚えている。

お年玉でも、大きなモンチッチを買って抱いている妹とは違い、僕は顕微鏡や望遠鏡、双眼鏡を買っていた。今思うと肉眼で見えないものを覗き見るのが好きやったんやな。

音楽好きのお母さんの勧めでピアノを3歳から習っていたから、僕は歌うのも聴くのも好きで、居間にあるステレオで僕のレコードをかけて歌ったり踊ったりした。お父さんは洋楽、お母さんは演歌を好み聴いていた。家では朝からレコードで演歌をかけてご機嫌に歌いながらリズムに乗って踊るように掃除機をかけるお母さん。お父さんの車の中ではだいたいビートルズが流れていた。

観るものはお父さんは洋画、お母さんは大河ドラマや推理サスペンス、怪談などを好んだ。お父さんは観ながら、たまに笑うくらいやけど、お母さんは、昔の人は偉いなぁとか、「当てたげよか、この人が犯人やで。見ててみ」と自己流解説がつく。怪談の時は急に「後ろ見てみ。誰かいてはるで」とか言うて怖がらして面白がるから嫌やった。お父さんはスポーツ万能、陸上選手やった。お母さんは運動会でも次の組の走者に抜かれるほど遅かったと聞く。その両方の影響を少なからずとも受けている。

僕の家族はみんな京都生まれ。お父さんのお姉ちゃんは東映で知り合った人と結婚して東京にいて、大津のミシガンクルーズに撮影に来た時には僕の家にも夫婦で来ていたけど、早口の関東弁で大きなサングラスをかけて格好も派手で、まるで僕にはヤクザの夫婦に見えていた。親戚の家には東京のおじさんの働く石原プロの人たちのサイン色紙が並んでいた。

うちのお父さんの家系は皆、長身ですらっと背が高く、若き日のお父さんの写真を見ると自身も裕次郎をかなり意識していたことがわかる。僕ら家族は京都からトラックにポチも一緒に乗って大津に引っ越してきた。うちの家の歴代の犬はみんなポチという名前。その辺は、かなりテキトウな夫婦や。僕が生まれた時も市役所に名前の届け出を催促されたと聞いた。お祖母ちゃんがお寺に行って相談して決まったとか。初めての子やのに。理解に苦しむ。

話は戻るがお母さんが、ある時ぽそっと僕に言うたん。「血は争えへんもんやなぁ」って僕の車の助手席に座ってる時にそう言った。「なんなん?」て聞くと「お父さんもな、若い時海ばっかり行って仕事せんと遊び呆けてはった時があってな、それをお祖母ちゃんが心配してな。お父さん、お姉さんの旦那さんの会社手伝いに行くことになってなぁ。嫌々勤め出すようにならはった時にな、欲しかった白のジープをお姉さんに頼んで社長に新車で買ってもらって自分で分割で返してはったんや。よくそのジープの屋根をオープンにしてあんたら連れていろんな所に行ったんやで。お父さんそれから見違えるように休みもなく頑張って働いてくれはってな、若くで中古の家も買わせてもろてな。お姉さんとこの会社も今では大きな会社になった」と僕に初めて話した。

そうやったんや。そういえばその車が写った写真を前にアルバムで見たような気がした。「ほんなら、あんたも白のジープ欲しいいて言い出すからお母さん怖かったわ」そう言って笑った。なるほど、確かに僕も大切なビーちゃんを養うことと大好きな車を手放したくない一心で休日のドライブを楽しみに仕事頑張れた、そんな気がした。

いい意味でこの車は僕に負荷をかけた。そやから自然に頑張れた。そして今、完済し、ビーちゃんに一緒に家を出る時約束した、庭付きの家を建てられるようになった。親父は無口やけど偉大やった。

明確な目標を立てるのは僕は苦手。ただ何かのために動く。それが何かはいつもわかっている。今すぐに出来ることや、目の前にある問題や課題から目を背けずに動けば必ず成るように成る。自然に道は開けてきた気がする。

新居やでＢＷ

　２００７年10月25日大安吉日、ついに家の引き渡しの日が来た。引き渡し間近の最後の点検にここに立ち寄った時、僕は一番に青々とした芝生の敷かれた庭に行きボーッと立っていた。振り向くと、リビングの大きな掃出しのガラス戸を少し開けて彼女と小学生になった双子の女の子が並んでこっちを見ていた。

　僕は、それを見て思わず写真を撮った。あのアパートの引っ越しの挨拶に来た人に彼女が言った言葉を聞いてから、僕はこの光景を見ることを予測していた。ビーちゃんはこの時もう16歳になっていたけどなんとかあの時の約束が守れた。僕が実家を出てから、３回も引っ越してその度に環境も変わり仕事で家を留守にすることもあったけど、そんな時も大きな病気もせず、心配いらずで僕を頑張らせてくれた。

　いつも僕に寄り添い、辛い時もただ一緒にいてくれるだけで寂しくなかった。勝手に話しかける「なぁ、ビーちゃんはどう思う?」って言う僕の話をいつもどっか違う方見てたけど横で聞いていてくれた。あれからずいぶん経ったけどBWと交わした約束は2人で叶えた。一緒に頑張ったからお家が建てられたよ。ありがとう、BW。新しい僕たちの家でまだまだ元気に長生きしてな。

引っ越しの日、作業員がたくさんきて荷物を運び出す騒々しい中、BWはソファに寝転んだまま微動だにせず運ばれていたな。途中でいなくなって探していたら押し入れの隅の座布団で足を壁にかけて上向いて爆睡しているのを見つけた時また改めて大物ぶりを見た。

翌年、僕は彼女と入籍し2008年8月8日に結婚式をした。僕は結婚して、新しい家族ができたよ。BWも喜んでくれてるか？

この年の8月16日、BWは17歳の誕生日を迎えた。プレゼントはBの頭文字の付いたネックレス。革の首輪が古くなって、それに重そうにしているからプレゼントはこれにした。ネックレスをかけて僕が抱っこして記念写真を撮った。どっしりと重かった身体はずいぶん軽くなって、もうお婆ちゃんのBW。

カラフルなネックレスがとっても似合って写っている写真のBWはとても嬉しそうに笑っている。目は白内障がすすみ、後ろ足は筋肉が衰えてきたけどご飯もいっぱい食べて、お散歩にも少し短くしたコースを毎日元気に歩いて行った。年取ったなぁ、お互いに。もうたぶん引っ越しは最後。ここでみんな一緒に仲良く暮らそうな。大好きな芝生の庭もあるからタバサと駆け回っていいよ。ビーちゃんのお庭やで。秋になりお庭で日向ぼっこをしながら昼寝をしているＢＷをよく見た。

庭にはビーちゃんとタバサの小屋が並んでいたけど、何故なのかふたりで窮屈にビーちゃんの小屋に入って寝ていたな。前の道を人が通ると走って行ってワンワン吠えるタバサ。まったく無関心のＢＷ。

冬が近づきちょっとビーちゃんの元気がなくて病院で検査してもらった。腎臓が悪いらしいから、先生の勧めるご飯に変えてそれを食べさせた。あんまり美味しくないのか、あの食いしん坊のビーちゃんが残す時もあってササミ肉なんかを混ぜて食べさせてた。病院に行った時腎臓用のご飯をダース買いしようと思い先生に言ったら、先生は「少しずつでいいよ」と言ったけど僕はネットで1ダース注文して買った。

この病院はビーちゃんが赤ちゃんの時に初めてワクチンを打った時からずっと

お世話になっている。ここで手術も何回かしてもらった通い慣れた病院。実家からは10分程度やけれど今の家からは1時間弱かかる。決して愛想が良いとは言えない人やけど良心的な先生で、いつも親切にいろいろアドバイスをくれて信頼していた。

お散歩もだんだん歩くのがしんどくて行きたくない様子やったから、ビーちゃん専用の可愛いカートを買った。病院にも乗っていって、先生に見せた。先生は、あぁと苦笑いした。ビーちゃんの好きな毛布を敷いて移動ベッドのようになった。カートで点滴もそのまま受けた。その年のＸｍａｓ会、毎年のように我が家に、両親も一緒にプレゼントを持ち寄り集まった。

この時お母さんがソファに座ってＢＷの頭を撫でながら「ビーちゃん大丈夫か？ありがとうね。長い間この子を支えてやってくれて、あんたは幸せの犬やな。この子に幸せを運んできてくれた、ほんっまにいい子や。頑張って良くなるんやで」目に涙いっぱい浮かべてそう言ったそのあとに、僕の方に向いて急に「あんた、ビーちゃんに、もしものことがあってもしっかりするんやで。わかってると思うけど、もうあんたも父親なんやからな」さっきビーちゃんに話しかけてた時とは打って変わって強い口調で僕にそう言うた。

　お母さんは弱っていくＢＷを見て僕を心配してくれていた。これまで僕の心の支えになってきたＢＷに何かあれば僕はどうなるのか、そんな僕の弱いところをお母さんは知っていたから。正直、僕にはＢＷのいない暮らしなんか想像できなくてお母さんの言葉もあまり耳に入ってなかった。ＢＷはまた元気になるとそう信じていた。だってまだビーちゃんは17歳やし、あの配達先のビーグルみたいに少なくとも20歳までは元気にいれると信じていた。

　12月に入りＢＷは散歩に行くとしんどそうにするようになったから、いつものタバサと一緒の散歩にはビーちゃんはカートに乗って行くようになった。ゼーゼーと息苦しそうにしていたから病院に行って診てもらった。ビーちゃんは肺に水が溜まっていて息がし辛くなっていた。

　それからは頻繁に病院に通うようになって、行く度、肺に溜まった水を注射器で抜いてもらった。僕はそれを見るのがかわいそうで辛かった。先生は安楽死のことも僕に、遠まわしに言っていたつもりやったけれど、治るという希望を捨てていない僕の言葉を下を向いて聞いていた。仕事をしながら時間調整をして病院に行き治療を受ける。そんな毎日が続いた。

病院に行く17キロほどの道は、僕が一番最初にビーちゃんと暮らしたアパートの散歩コースだったなぎさ公園をちょうど通る。その辺りに差し掛かると必ずビーちゃんは窓の方を向いて立ち上がり、外を見たいと僕に言うから助手席の窓を開けて走った。外は寒くて冷たい風が車内に入ってきたけど、暖房を目一杯かけてそこを通り過ぎるまでは窓を閉めずにいた。

ビーちゃんは顔を上げてクンクンと外の匂いを嗅いでいた。ビーちゃん覚えているんやな。ここを毎日散歩したな。また行こうな。砂浜を一緒にまた走ろうな。「釣り人が捨てていったブルーギルの死骸を見つけて寝転んで背中擦りつけて吐きそうなくらい臭い匂いが体中に移って、その鼻をつくような酸っぱい臭さにキレながらビーちゃんを公園の水場で洗って家まで帰り、お風呂に入ったこと覚えてるか?」そうビーちゃんに話した。

鯉の餌を食べたり、ホームレスのおにぎりを食べたり、悪戯をして僕を困らせた若き日のBW。次々とあの頃の思い出が蘇った。毎日病院に行く支度をして、「さぁビーちゃん今日も行こうな」って言うと、嬉しそうに僕に近づいてきて抱っこを待つ。大好きなグラチェロの助手席に乗って、まるでドライブに行く時みたいに嬉しそうにゆっくり尻尾を振る。また病院に着いたらこの軽くなった、か細い体に大きな注射針が刺さる。

僕はそれを思うと辛くて辛くて仕方なかった。そしてこの辛く痛い思いがいつまで続くのか、そう考えるようになっていた。

毎日病院に行くようになって、ビーちゃんの日記帳を書いて記録を取り、家族と先生で共有した。

ビーちゃんの日記帳　12月15日
・ご飯は4回に分けてあげています。毎回完食しています。
・下痢や嘔吐はしていません。
・ヒーヒーと咳がよく出てきています。
・おしっこはよく出ています。
Q　腎臓のお薬はご飯の直前にあげているのですが、ご飯と一緒に与えると吸収が悪くなったりはしないですか？

Ａご飯と一緒で良い

12月16日　11時55分　病院
・胸のレントゲン
・尿検査
・点滴　いつもの半分
・利尿剤２注射（心臓に水が溜まりかけている）
・咳を抑える
・今日は尿をよくする
・今日から腎臓の缶詰を食べる
・昼から事務所で寝ていた
・薬残　４日分

ＰＭ10時25分　自宅記入
Ｑ牛乳は飲ませていいか？

Qうんちが真っ黒なのはご飯のせいですか?
・利尿剤の注射をしてもらったがいつもとあまり変わらない感じがした。
・ご飯　今日も４回全て完食!!
・相変わらず咳（ヒーヒーと）出ます。朝方がとても酷い。
・水をよく飲みおしっこもよく出ています。

12月17日　12時病院
・血液検査
・点滴１００cc
・レントゲン
・利尿剤
・胃薬（新）
薬の名記がおかしいと思い午前中に病院にＴＥＬ。薬について説明を聞いた、
腎臓の薬と記入間違い　胃薬だった。病院長謝罪。

12月18日12時
・血液検査
・肺に注射　水を抜く
・咳がマシになった
・点滴50ccの為十分な水分補給をすること!!
病院から帰ってきてからの様子
・お昼2回目の食事の前に牛乳をたくさん飲んだ
疲れていた為か半分以上残したが時間をかけて食べた。
・3回目のご飯18時50分頃
ゆっくり時間をかけて食べた、食べる時の勢いが昨日よりない気がした。
20時10分　大量に嘔吐した。

12月19日
咳が出て息苦しそう　昨日より回数が増した。朝7時ご飯は完食　うんちも良い。

11時　腎臓の薬　ご飯完食
17時病院　点滴１００cc
利尿剤、抗生物質　注射
22時30分過ぎから咳が出だした。

12月20日　９時　病院
レントゲン　少し良くなっている。血液検査　数値に変化見られずベビーカーを購入。今日は利尿剤（夜1回分）を出してもらった。夜８時頃からずっとヒィヒィと咳が出ていて苦しかったのかウロウロしていた。うんち、おしっこも出ている。水も飲んでいる。ご飯もあげた分は完食。寝付きが悪い（寝たかと思っていてもすぐ起きてウロウロ）今日最後のご飯22時55分　半分残した。０時　なかなか寝付けない様子だった。ハァハァと息が荒かった。

12月21日　９時10分
今日も朝から病院。朝早起きハァハァと息が荒いように思った。昨日の利尿剤

の薬のせいかおしっこがよく出ていた。朝ご飯少し残す。病院での処置

・利尿剤
・点滴100cc
・血液検査

少し元気がないなと先生が心配していたが息がハァハァと気になったくらいでいつもと変わらない気がした。お昼ご飯はほとんど食べなかった。13時30分頃、帰宅後少しご飯を食べた。事務所でずっと寝ていた。18時、ご飯2口ほど残したが食べた。お水をたくさん飲んだ。20時30分、ご飯。うんち出た。

この先の22日から先は記録が途絶えている。ビーちゃんの病状は一向に良くならず横這いで、点滴と肺に溜まる水を定期的に抜いてもらう治療の繰り返しが続いた。Xmasが過ぎ、年末で忙しくなっていた。家の敷地内に事務所を作って仕事はそこでしていたから、いつも通りビーちゃんも一緒に出勤して机の横のベッドでタバサと並んで寝ていた。会社のみんなもBWが大好きでみんなビーちゃん

を気遣ってくれた。

僕が辛い時や悲しい時、寂しい時、病気の時にもいつもそばにいてくれたビーちゃん。元気でなくてもいい。年いってヨボヨボでも僕がそばにいるから。歩けなくてもカートに乗ってどこでも一緒に行けるよ。病気になったって治るまでずっと看病するんやから。気にしなくてもいい。僕がビーちゃんのそばにいるから大丈夫。まだまだ年寄りのビーちゃんと楽しく過ごせる。

僕はそう信じ毎日を過ごした。

さよならBW

12月31日大晦日。本当なら病院はもう年末の休みに入っていたけど先生のご好意で診察と治療を受けさせてもらっていた。この日の診察で、明日からはお薬で様子を見ましょうか。万一のことがあればいつでも電話して来てください、と。先生はそう言った。ありがとうございますと言って、いつものように利尿剤をもらい点滴を受け肺の水を抜いてもらった。これがBWが先生に診てもらう最後の診察になった。

BWはいつもと変わらずほとんどベッドで寝ていたけど、おしっこもちゃんと起きてお庭まで歩いていってしていたし調子はよさそうで家族みんなで2009年の元旦を迎えた。仕事柄、忙しい年末繁忙期も終え、元旦から挨拶回りを済ませて僕も家でゆっくり過ごした。お昼から従業員たちが挨拶に来てくれてみんなですき焼き鍋を囲んだ。ビーちゃんもリビングで一緒にいた。時折、少し咳はしたけれどすやすやとベッドで寝ていた。

咳をするたびに心配する家族に従業員の誰かが「大丈夫ですか?」とビーちゃんのことを聞いた。僕は仕事に支障なくBWの看病をしていたが、僕が毎日のように病院に行けるのは社長だから時間に都合がつけられることを有り難く思う半面、同じように働く従業員に対して少し後ろめたい気持ちがあった。「ビーちゃんももう17歳で最近は毎日病院に通っていて大変なんや」と心にもないことを言った。そのことを今も後悔している。

18時頃にはみんな帰って、リビングで家族揃ってお正月番組を見ながらおせちを食べてからお風呂に入り、ビーちゃんと一緒に2階の寝室に移動した。いつものようにベッドでTVを見ながら寝てしまっていた。夜中の12時30分頃からビーちゃんの息がヒィヒィと荒くなって、背中をさすった。先生に何かあったら電話して来るようにと言われていたけど、僕はしなかった。ビーちゃんのベッドの横に寄り添って寝た。何度となく息が荒くなっては治りを繰り返して、その度に起きてビーちゃんの背中をさすった。

1時過ぎ、また大きく咳をし始めたビーちゃんを、僕は抱いて、ひたすらに背中をさすり続けた。ビーちゃんは僕の顔を見てクリクリの可愛い大きな目を一杯に開けた。「ビーちゃん」と名前を呼んだその時、部屋の中にいてもわかるくらいの、大きな風がゴーッと音をたてて吹いた。

その瞬間、抱いたままの身体はだらんと力を無くし、ビーちゃんの荒い息が止まった。僕はそのままずっと動かず、溢れ出る涙もそのままにずっとずっとそのままビーちゃんを抱きしめていた。20歳までは一緒にビーちゃんの老後をゆっくりとこの家で過ごそうと思っていた僕の願いは届かず、ＢＷは僕のところから1人天国に旅立ってしまった。

仕事で忙しく前よりもビーちゃんといる時間も少なくなっていたけれど、この半月、毎日病院通いの道を2人でドライブできた。寒いのにグラチェロの窓から顔を出してビーちゃんの大きな耳が風になびいて広がっていた。帰りになぎさ公園に寄り道。昔みたいにお散歩して楽しかったな。大きな注射針を何度も体に刺して痛かったろうに、よく頑張った。ほんまに最期まで生きようと頑張ってえらかった。ＢＷ。

朝が来て

家族のみんなでビーちゃんの好きなものやお花を箱にいっぱい入れていた。そこにタバサが来て見ていた。「タバサ、ビーちゃんはお空に行ったんよ。寂しくなるね」そう妻が言っていた。家族がそれぞれに書いたビーちゃんへの手紙も入れた。

僕は、ずっと涙が止まらず、ずっとビーちゃんのそばから離れなかった。心配した妻がみかんをむいて口に運んできたが食べる気力も無かった。

1月3日、グラチェロにビーちゃんを乗せて、いつも一緒に行ったお散歩コースを通り、なぎさ公園に車を停めた。涙がポロポロ流れた。想い出のこの場所に最後にビーちゃんと来て、しばらく時間を忘れボーッと景色を眺めていた。「そろそろ行かないと」と言う小さな妻の声にはっと気づき、その場所を後にした。それから小さくなったビーちゃんを抱いて家に帰ってから1週間近く、僕はご飯も食べず、泣いてばかりいて暮らした。

ビーの匂いがする部屋は、まだいつものところでいつものように寝ているような気がして。家の所々に面影を思い出して。タバサはビーちゃんを探すような素振りをよくして、そんなタバサを見ると辛かった。赤ちゃんの時、おもちゃで遊んでもらって、本当の親子みたいに仲良しでいっつもタバサは真似をして後ろをくっついて歩いていたから、ビーちゃんがいなくなってさぞかし寂しいやろう。お正月休みも終わった頃、僕とビーちゃん宛に1通の葉書が届いた。それはビーちゃんの病院からやった。葉書にはメッセージが書かれていた。

ビーウィーちゃんへ
とても長生きだったね。最後まで本当によく頑張ったね。優しい家族に出会えて本当に幸せだったね。たくさんの思い出をありがとう。心よりご冥福をお祈りします。

スタッフ一同

僕は自分が悲しむばかりで失念していたが妻がちゃんと連絡していてくれたんやな。この葉書をビーちゃんの仏壇に供えて、僕が家族を代表して返事の手紙を書いた。

〇〇犬猫病院スタッフ御一同様

拝啓

この度は、ビーウィーにお葉書を頂きありがとうございます。ビーも喜んでいると思います。ビーが我が家に来て初めてのワクチンの注射を先生にしてもらってから17年間大変お世話になりました。今思えば、もっとこうしてやればよかったと悔やむことも少なくありませんが、ビーと過ごした17年は楽しかった思い出でいっぱいです。先生をはじめスタッフの皆さんには、いつも良くしていただきました。そのお陰で最後までビーは生きようと頑張れたのだと思います。家族一同、心よりお礼申し上げます。ありがとうございました。

敬具

平成21年1月27日　　　家族一同

ＢＷ　１９９１・８・16～２００９・１・２

僕は、それから悲しみも癒えないまま、ロケットペンダントを胸に今度はＢＷを連れて更なる事業展開に向け、新天地に旅立った。

そして今、僕は

2020年1月。ビーウィーとサヨナラしてから11年が経った今、なぎさ公園を見渡すマンションのリビングで僕はこの本の最終章を書いている。2018年3月6日、タバサがお空のビーちゃんのところに旅立った。明け方にタバサが旅立つ時、ゴオーッという音とともにまた大きな風が吹いた。きっとビーちゃんがタバサを迎えに来てくれたんやと思う。今頃またタバサはビーちゃんの後ろをくっついてまわってるんやろう。いつかみたいに仲良く楽しそうに2人一緒にいる光景が目に浮かぶ。

今は、我が家に11歳になった椿ともうすぐ2歳のTRUEという、フレンチブルたちと一緒に暮らしている。椿が5ヶ月の時、たまたま通りかかった繁華街のペットショップで見かけた。ガリガリの身体でひとり寂しそうにサークルに入ってこっちを見ていた。「兄妹はみんなもらわれていって残りはこの子だけになって」と店員さんが話していてお誕生日を見たら1月4日。きっとビーちゃんの生まれ変わりで僕たちを待っていたんだろう。そう言って家族に迎えた。

TRUEも近くのペットショップで4か月を過ぎようとしていたところ、気になってお店に何度も見に行って。お誕生日は3月7日、タバサがお空に行った日の次の日に生まれたこの子を我が家に迎えた。ふたりともBWとタバサによく似ている。きっと生まれ変わって僕のところに来てくれたに違いない。小さかった子供たちはあっという間に大学生になり今は僕の会社でアルバイトをしている。

僕が初めて正社員で就職したあの日の年齢と同じくらいの歳にもうなった。あの頃、人生で初めて味わう鬼のように厳しい研修を体験した。あそこであの時、上質のサービス、一流ってものを徹底的に叩き込まれた気がする。その頃は外資系のホテルも今より少なく日本の企業で、僕の第二の故郷、地元出身の大社長の会社の一流ホテルでの合宿研修に入った。この時のことは今もよく覚えている。

同期のみんなと初めて出会った朝、みんな自前のジャージに事前に自宅に届いた名札をつけて、集合場所のホテルのバスの前に大きなバッグを肩から下げて並んでいた。バスに乗る手前で両手で抱えるほどの教科書をドンと渡されて、合宿所のホテルに到着する約1時間の間、出身校と名前の自己紹介、そして初めて聴く会社の社歌がバスの中に流れ始め、大きな声で歌った。最初は全員で次に縦列ごと、そして横列とどんどん人数が減っていく。到着するまでに暗記すること、1人でも歌えるようにと課題が出されていたから皆真剣に歌っていた。

いつ順番が回ってくるかと緊張して待っていたが結局僕のところまで届かない間にバスは到着した。ホテルの方に2人1組でツインの客室に案内された。3度の食事もホテルのメニューが食べられて、僕はリッチな気分で喜んでいた。その日は10数名もいる教官の熱い自己紹介とオリエンテーションで部屋に戻った。相部屋になった同期の人は隣の地域のホテルに入社した人で、明るい朗らかな印象を受けた。

翌日から早朝5時に起きて全員で列を乱すことなく「わっしょい」と大きな声を出しながら5キロの道のりを走ることから始まった。それから広いテニスコートで集合の訓練、笛が鳴ると一斉に教官の前に整列する。これを何度も繰り返す。そしてホールでみんな揃って朝食、ビュッフェではなく、それぞれの席に配膳された。配膳サービスを見て覚える為だったんやろうか。

少し休憩をとって8時からお辞儀の仕方や立ち方、挨拶の仕方、それを今度は室内で号令とともに全員がビシッと揃うまで延々とやり続ける。この辺で既にかなりの疲労を感じたが団体行動を乱すまいと食らいついた。おいしいランチを食べて各自部屋で休憩し、午後からも座学を取り入れた研修が続いた。

今も印象に残るのは、机に向かう座り方や話を聴く態度にも細かくその都度注意が入ったこと。机に肘をついていたら、「そこ肘っ！」と言われ直ぐに教官が来てパシンと腕を払われ、机の下で足を絡ませたり組んでいたら、足でパンと払われた。とにかく姿勢良く聴くということ、一流のホテルマンになるにはこれほど徹底した教育で身体に染み込むように覚えさせることが必要なのか。そんな訓練が1週間以上ホテル内に缶詰で、外部との接触も一切許されずで、甘ったれの僕には地獄のような訓練の日々やった。

夜寝る前に、ふとシャバが懐かしく寂しくなって、毎日その日の出来事や反省、思いを日記に綴った。部屋に帰ってほっこりしていたら他の部屋でタバコを隠し持っていた人が喫煙をしたと、同じ班の人は連帯責任で廊下に正座させられているのを見かけた。下を向いてずっと泣いている人もいた。あーあ見つかったのかついてないなと最初僕はそんな風に思っていたけど、ルールを守らなかったことでこれだけ仲間にも迷惑をかけることになるということを考え、僕たちは絶対にないようにしたいと思った。

この短期間のとてつもなく厳しい研修は、いわば正社員になる登竜門だったように思う。実際、研修中に辞退する人も何名かいたし、4月にホテル内の一般研修に入った時には、あの合宿の後、新入社員の2割くらいの人がリタイヤしたと聞いた。入社式は東京の高輪のホテルで執り行われ、約1000人の新入社員が一堂に集められた。

式典には同会社のプロスポーツ選手や芸能人の諸先輩方からお祝いのスピーチを頂き、その広いホールの中には、都会の華やかな雰囲気が漂っていた。社長が登壇されて僕たち新入社員に向けて頂いた言葉は、この時から今も僕の中に生きている。「ここにいる皆さんには各自家があり、親御さんや兄弟がいるでしょう。しかし今日からは私の家の子供たちです。この会社の者として恥ずべき行動を取らないように」と言われ、社長が直筆で書かれた長半紙を高く上げて見せられた。

人事を尽くして天命を待つ

力を尽くして後は天の運を待つのみというこの格言を、社長は座右の銘とされて私たちに説いてくださった。この言葉のおかげで、これまで行き詰まったり、迷った時には必ず、今できることは何か、やれることは全てやり尽くしたか、と自身に問いかけ、そこからまた一歩を前に出すことができたんだと思う。

入社式の後のそれからは会社の創業者のお墓参りに行き、球団の試合応援に行ったり軽井沢のロッジに研修旅行に行ったりして見聞を広め、自社を知り、各セクションの見学を経ていよいよ自分の付きたいセクション希望を3つ出して辞令を待った。僕は営業企画部を望んだが、大学を卒業していない僕は部長に、2年我慢してください。必ずそこに配属するからと言われ、レストランに配属された。

テーブルサービスは学べたが興味がなく面白くなかった。仕事に身が入らず、やることが中途半端で注意を受けることも少なくなかった。そして僕は辞表を出した。学校の先生や地元の議員先生の推薦もあって特別枠で入社させていただいた、当時世界で5本の指に入るといわれたこの一流のホテル。部長は何度となく僕を説得しようと声を掛けてくださったが、レストランでのこの先の僕の2年は、気が遠くなるほど長く感じ、無駄な時間に思えた。こうして僕はあの夏プー太郎になった。そしてBWに出会った。

口数の少ない厳格な親父は一昨年この世から居なくなった。子供の頃から何を一番になっても褒められたことはなかったが、病に倒れ病室のベッドで初めて僕に「良くやった。大したもんや」と痩せ細った親父が言った。僕は嬉しくなかった。まだまだ、お前なんてまだまだだと言って長生きしていて欲しかった。僕はあれから更に歳をとり今年50歳。なんやかんやと言って半世紀生きた。

BWと出会った年に起業して29年が経った今、周りも見ず後ろも振り返らず、ただひたすらに走ってきた。21歳からBWと一緒に過ごした17年間の道のりを、この本を書きながらまだ昨日のことのように思い浮かべ、記憶をゆっくりと辿る。僕を変え、いつもそばで支えてくれたBWと、今まで出会ったたくさんの心優しい人達に今日も心から感謝する。

昨年、出演させていただいたラジオ番組で、今の若い人やこれから起業する人に一言という場面があった。僕はもう若くないのか、若い人にメッセージを送る側にいつの間にかなっていたのかと、その時そう気付かされた。

僕からのメッセージはMOVE ON‼ とにかく動け、それだけ。やりたいこと、やりたくないことあるけれど、昨日より今日一歩でも多く動くこと、ただ目の前のやれることを今やってみること、それだけで僕の道は必ず開けて来た。誰でも今すぐできる簡単なこと、僕のこれからもそうやっていく。

この本を書くことになったきっかけは、予防注射を打ったにもかかわらず昨年、風邪気味で病院にかかり診察を受けたところ、薄らA型のところに線が見えると医者に診断キットを見せられて、弱~いインフルエンザA型にかかり、そやけど、どこにも行けなくて部屋で寝ていた時、退屈で携帯を触りながら出版というワードで検索して幻冬舎を選び電話した。

以前から何となく記録に残しておきたいと思っていたことを、今年春に50歳を迎えるその記念に出版出来たらと相談すると、電話口の方が是非詳しいことを打ち合わせに一度来てくださいと言ってくれて嬉しかった。ほんとに出版できるような気分になった。僕は若干ボーッとした頭で、今インフルエンザで思いつきで電話したので治ったらまた連絡しますと言って電話を切った。そして今に至る。

何かをしようとする時、きっかけはなんでもよい。とにかく行動することから始まる。この本を書けてよかった。うまく書けるかとか僕に出来るかとか思う気持ちも多少あったが、それよりもやりたい気持ちが勝ったから今この本がある。

やろうと決めて動けば、誰かが応援してくれる。きっと優しい人が支えてくれる。そんな人達のおかげで、僕の人生の大切な思い出を形にして残すことが出来た。僕の思いが叶えられた。そのことに改めて今、心から感謝する。

この本を通じて動物や人間の枠を超え、今これからの時代に生きとし生けるものが共存共栄し互いに支え合い、繋がり、それぞれの一生が実りある幸せな人生だったと最期の時に思えるように。きっと僕の最期の時にも、ゴーッという大きな風が吹いてBWがみんなと一緒に僕を迎えにきてくれる。その時が来るまで、与えてもらったこの命を大切に悔いのないよう生きよう。

人は裸で生まれそれから何も持たずに死ぬ、その最期の時まで何の為にいつ何をして一生を過ごすのか。時間は有限で、それぞれに授かった命、身体と心で自分に与えられた時間をどう過ごすのか。なぜ生まれてきたのか、そんなことは知る由もないけれど、この世に生まれてきたからには縁あって出逢えたかけがえのない人達と互いに助け合い励まし合って生きられたら、それは本当に素敵な一生だと思う。

今年、誰しもが予測不能だった新型コロナウイルスが流行し、死者が続出して世界中の人の動きが止まった。これは人に対する何らかの天からのお告げなのかも知れない。この自然界に生きる全ての生き物が人の欲によって共存できなくなる何かが起こり始めているのではないか。それを止め、改めないといけないのではないか。そんな風に感じているのは僕だけだろうか。例えば、必要もなく繁殖犬に何度も何度も仔犬を産ませ、ペットショップで売れないと殺処分するという実態がある。

生き物の尊い命が軽く扱われていること。今一度、命の尊厳を守る、この本来当たり前のことを、私たち人間は深く理解し、人が持つ思いやりと慈しみの心を育て、全ての生命が等しく尊いものであることを伝えていかなければならない。

僕はあの日ＢＷと出会い言葉を話すことが出来ない小さな命を神様から授かり、そして親になった。その時から僕は変わり始めた。ＢＷとたくさんの約束をして守るようになれた。ＢＷの思いを汲み取れるように気を配れるようになった。ＢＷの命を守る為に健康管理をするようになった。ＢＷに愛情を注ぎ、与えてもらった。そばにいて誰よりも僕を見守っていてくれた。僕の帰る場所になって、いつでも待っていてくれた。

わがままで中途半端な僕にたくさん与えてくれたＢＷにとって、僕は１００点の親でいられたのか自信はないけれど、ビーちゃんが教えてくれたことをこれからも守っていこうと思う。

完

【著者紹介】

片山　衆悦（かたやま　しゅうえつ）

1970年　京都市生まれ
1991年　21歳で起業し来年30周年を迎える
実業家　華道家
現在では多角経営のなか、BWをキャラクターとして
人材育成型の派遣事業「BONZ　WORK」を運営する

僕《ぼく》とＢＷ《ビーウィー》の物語《ものがたり》

2020年11月24日　第1刷発行

著　者　　片山衆悦
発行人　　久保田貴幸

発行元　　株式会社 幻冬舎メディアコンサルティング
〒151-0051　東京都渋谷区千駄ヶ谷4-9-7
電話　03-5411-6440（編集）

発売元　　株式会社 幻冬舎
〒151-0051　東京都渋谷区千駄ヶ谷4-9-7
電話　03-5411-6222（営業）

印刷・製本　シナジーコミュニケーションズ株式会社
装　丁　森谷真琴

検印廃止

ISBN 978-4-344-93034-6　C0095
幻冬舎メディアコンサルティングＨＰ
http://www.gentosha-mc.com/